# 风行客厅3000例

## 现代中式

迟家琦　曹　水　吕丹娜　主编

辽宁科学技术出版社
·沈阳·

《风行客厅 3000 例——现代中式》编委会

**主　　编：**迟家琦　曹　水　吕丹娜
**副 主 编：**郭媛媛
**编　　委：**高思琪　魏敬贤　姜丽丽

**图书在版编目（CIP）数据**

风行客厅 3000 例 . 现代中式 / 迟家琦，曹水，吕丹娜主编 .
—— 沈阳：辽宁科学技术出版社，2015.7
ISBN 978-7-5381-9239-1

Ⅰ . ①风… Ⅱ . ①迟… ②曹… ③吕… Ⅲ . ①客厅—
室内装饰设计—图集 Ⅳ . ① TU241-64

中国版本图书馆 CIP 数据核字（2015）第 101294 号

---

出版发行：辽宁科学技术出版社
（地址：沈阳市和平区十一纬路 29 号 邮编：110003）
印 刷 者：辽宁彩色图文印刷有限公司
经 销 者：各地新华书店
幅面尺寸：215mm × 285mm
印　　张：7
字　　数：200 千字
出版时间：2015 年 7 月第 1 版
印刷时间：2015 年 7 月第 1 次印刷
责任编辑：于　倩
封面设计：张馨宇　李博文
版式设计：融汇印务
责任校对：栗　勇

---

书　号：ISBN 978-7-5381-9239-1
定　价：34.80 元

联系电话：024-23284356
邮购热线：024-23284502
E-mail:40747947@qq.com
http://www.lnkj.com.cn

# 目 录

Contents |现|代|中|式|

**现代中式风格**

4 禅意雅致的现代中式风格
9 现代中式风格居室的优势
13 清雅含蓄的现代中式风格成为流行新趋势
17 适合现代中式风格的户型条件

**现代中式风格客厅设计及装修要点**

21 中式元素运用传统中式“新”的表达
25 现代中式风格居室空间意境的营造
29 如何设计现代中式风格客厅的天花?
33 低层高户型天花如何设计?
38 现代中式风格客厅背景墙的设计和施工要点
43 现代中式风格客厅装修设计的宜忌
47“中国红”用在哪里（300~500m$^2$）?

**现代中式风格客厅家具的选择与布置**

51 中国传统明清家具的“幽寂之美”
55 现代中式风格客厅家具的搭配
59 客厅家具的摆放
63 挑选中式家具技巧
67 小空间如何选择摆放家具？

**灯具的选择**

71 客厅灯具的照度要求
75 现代中式风格客厅灯具的特点
79 如何挑选现代中式风格客厅灯具？
83 现代中式风格客厅常用的照明方式

**现代中式风格客厅的软装配饰**

87 现代中式客厅布艺的选择与搭配
92 低调奢华的“真丝”布艺
97 中式传统装饰图案的“青花艺术”
101 现代中式风格中的“漆”文化
105 “大美无言”意境的把握，用中式花艺装点客厅

设计/品辰设计

# 现代中式风格

XIANDAI ZHONGSHI FENGGE

## 禅意雅致的现代中式风格

风格特点：现代中式风格的特点主要体现在4个方面上：在布局上讲究对称阴阳平衡，运用风水中的“金木水火土”进行组合来营造禅意雅致的环境。在造型上，由于现代中式风格更富有现代感，因此其空间上多采用简洁硬朗的直线条来表现其特点。在色彩上，现代中式风格的家具多以深色调为主。表现其稳重及富有禅意的特色。在材质上装饰材料多配以丝、纱、织物、壁纸、玻璃、仿古瓷砖等。也多用瓷器、陶艺等具有中式古典风格的饰物来表现其独特的风格。在空间层次上，现代中式风格非常讲究空间的层次感，在需要隔绝视线的地方，则使用中式的屏风或窗棂、中式木门、工艺隔断、简约化的中式“博古架”，通过这种新的分隔方式，单元式住宅就展现出中式家居的层次之美。

设计/周孝瑞

设计/张起铭

设计/张赐福

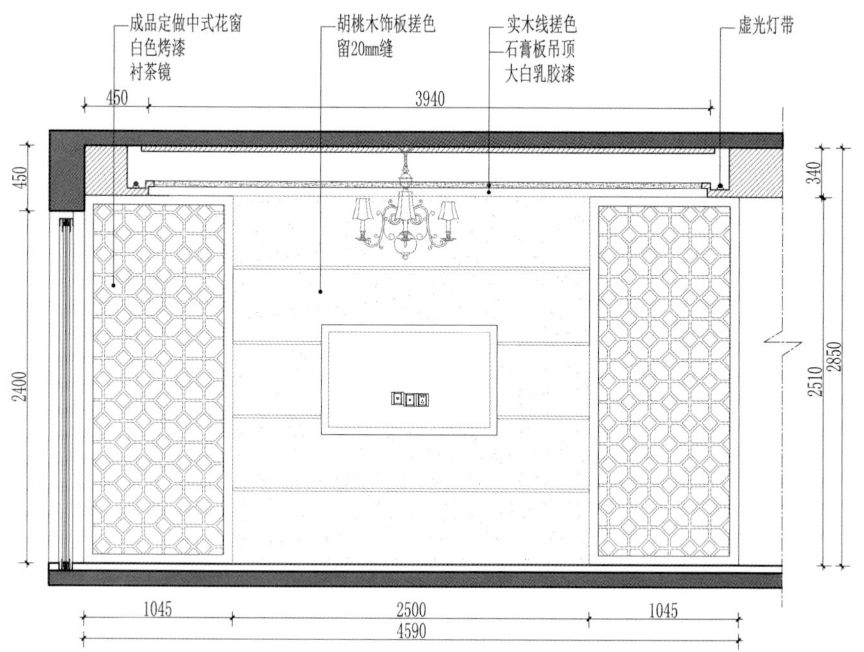


## 施工要点

电视背景墙中式花窗，建议在地面铺装及天花吊顶完成背景墙造型确定尺寸后，定做成品烤漆雕刻密度板，在室内装修基本完成后进行成品安装。由专业厂家制作烤漆比定做半成品在现场喷漆的漆面效果好很多，而且可以避免在施工现场碰损或受潮变形，还可能大大降低人工材料成本。

设计/张江明

设计/张江明

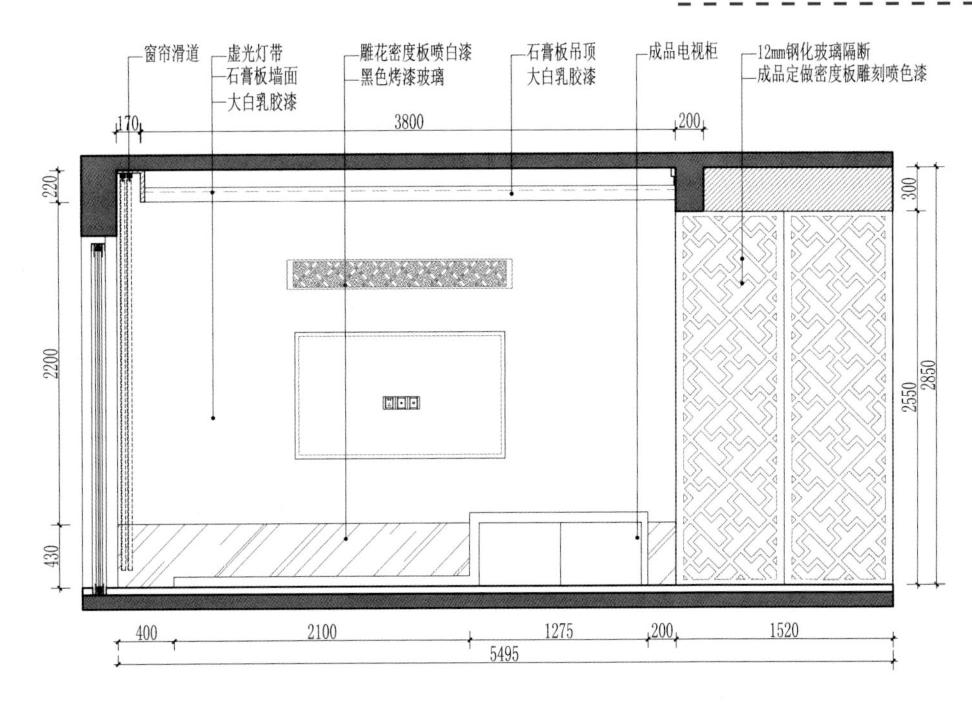


## 施工要点

以黑色烤漆玻璃和壁纸结合的电视背景的施工中，可以在墙面壁纸粘贴完成后再用透明中性玻璃胶固定烤漆玻璃，这样光滑的玻璃边缘可以压住壁纸的收边，整洁美观还可以避免壁纸翘边。

设计 / 张江明

设计 / 余涛

设计 / 尹鑫

设计 / 尹鑫

设计 / 尹鑫

设计 / 尹鑫

设计 / 胭脂设计

设计 / 吴文进

设计 / 高仲元

设计 / 谢小龙

设计 / 于乐

设计 / 于乐

设计 / 杨静平

设计 / 张起铭

## 现代中式风格居室的优势

现代中式风格与传统的空间装饰风格不同，是对传统中式风格的一种传承，将古典装饰元素进行提炼，融合了现代人的生活习惯和审美要求。现代中式风格的居室特点在于布局对称含蓄，造型优雅简朴，在简练大气中蕴含浓厚的东方文化色彩。现代中式风格的装修造价相对于繁复的欧式风格比较低廉，更适合大众的需求。

设计 / 曾成毕

设计 / 石家庄尚 · 品设计工作室

设计 / 石家庄尚 · 品设计工作室

## 施工要点

壁布硬包墙面装饰，可以采用18mm厚的密度板做10mm倒45°斜边，在上面均匀平整地铺贴壁布，固定在墙面木龙骨上。墙面硬包壁布建议选择韧性好、耐磨、耐拉、防潮、无毒无味、不易褪色、不易吸附灰尘的材料。常用的材料有真皮、人造皮革、丝锦缎等。

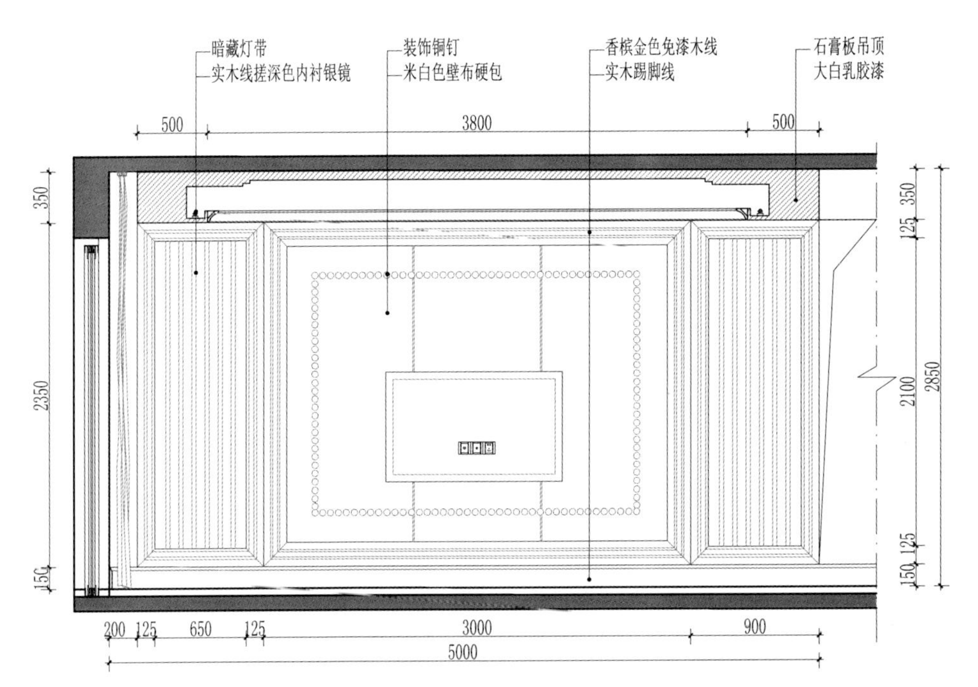

设计 / 迟家琦

设计 / 郝建

设计 / 许丽莉

设计 / 马飞

设计 / 马飞

设计 / 李芝强

设计 / 胡明

设计 / 赵学平

设计 / 陈永浪

设计 / 曾成毕

设计 / 郝建

设计 / 杨静平

设计 / 石家庄尚·品设计工作室

设计 / 郝建

设计 / 郝建

设计 / 郝建

设计 / 欧高斌

设计 / 科宝博洛尼 刘岩

设计 / 沙建磊

设计/张起铭

## 清雅含蓄的现代中式风格成为流行新趋势

选择新中式风格的大都是喜欢中国传统文化中年以上的人群，性格沉稳含蓄。随着设计日趋成熟，简洁的线条、凝练的家具、深厚的文化底蕴的现代中式风格受到了越来越多的年轻人的青睐。

设计/萧爱彬

设计/梁醒辉

设计/马飞

## 施工要点

本案中客厅墙面安装了嵌入式的壁柜，在施工中应注意墙面与成品家具的结合。在室内装修中，装修墙面时联系家具厂家协调墙面预留洞口的尺寸和后期家具安装时需要的固定条件，做好前期的准备工作避免二次施工造成不必要的损失。

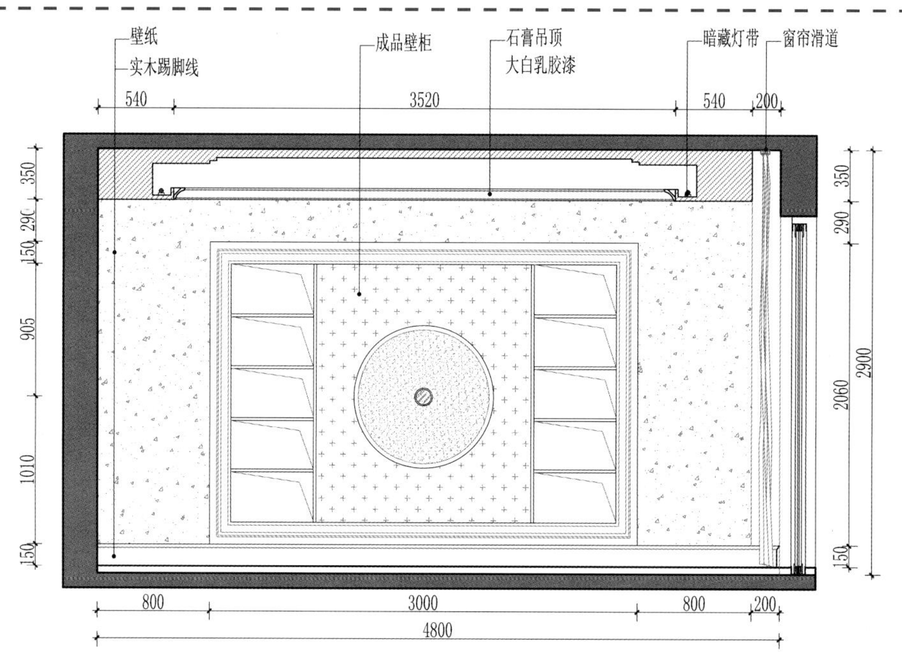

设计／李建春

设计／金亮

设计/创意空间装饰 宋富鑫

设计/蔡振伟

设计/厦门创家园设计装饰 林耀明

设计/周翔

设计/吴序群

设计/王跃

设计/候恒清

设计/刘鑫

设计／付佳兴

设计／周竹梵

设计／周竹梵

设计／张峰

设计／杨胜美

设计／王欢

设计／孟旭

设计／付佳兴

设计 / 张起铭

## 适合现代中式风格的户型条件

面积为 100~130m$^2$，房间方正，布局为对称的户型比较适合选择现代中式风格的装修。

设计 / 顾忠诚

设计 / 戴文强

设计 / 孟红光

设计 / 游永朱

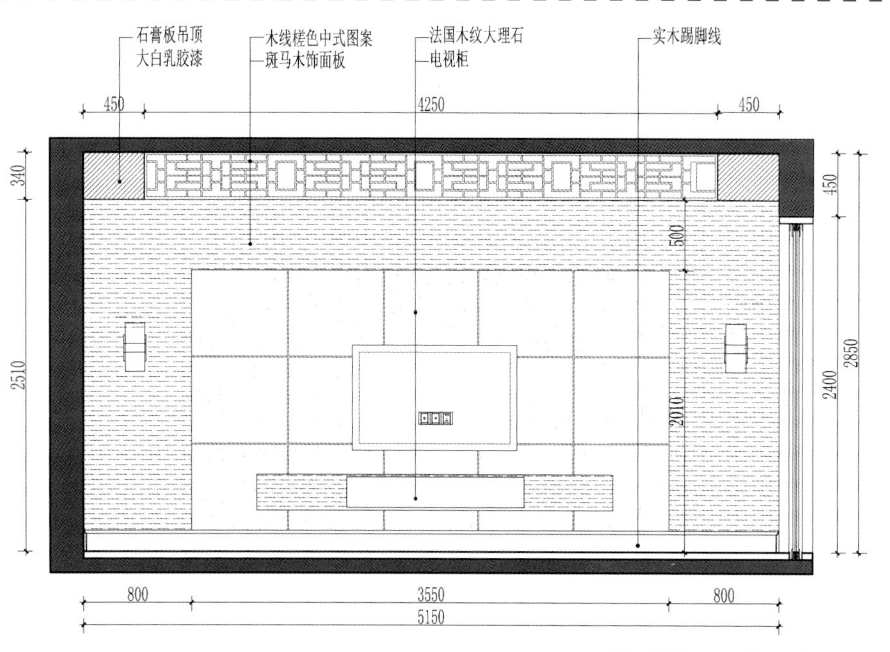


## 施工要点

在墙面面积不大而且高度不超过3m安装大理石，可以用细木工板做衬板用大理石胶粘贴的方法固定。这种方法比干挂贴的方法更方便简洁，更节省空间。

设计 / 刘东

设计 / 孟红光

设计 / 孟红光

设计 / 刘洋

设计 / 孟红光

设计 / 孟红光

设计 / 林志明

设计 / 李正杨

设计 / 林志明

设计 / 林志明

设计 / 黎武

设计 / 黄军

设计 / 林文通

设计 / 佘俊超

设计 / 富尔特装饰

设计 / 富尔特装饰

设计 / 何帅剑

设计 / 金戈

设计 / 游永朱

# 现代中式风格客厅设计及装修要点

XIANDAI ZHONGSHI FENGGE KETING SHEJI JI ZHUANGXIU YAODIAN

## 现代中式元素运用传统中式“新”的表达

传统中式“新”的表达，首先，在装饰元素上，不是全部原样照抄照搬生硬的模仿，而是在对传统装饰文化理解的基础上进行概括提炼结合现代简约的设计手法，满足现代人的生活方式和审美需求，赋予其时代的气息。对于传统装饰纹样的沿用，可以说是对传统符号的一种发展和提升。其次，在色彩的运用上也格外注重“新”，传统上的中式家具色彩大多为沉重的深色，现代中式风格的居室在整体上提亮了空间色彩明度，适当地用传统的红色、实木色等点缀。如大量的白色辅以深色云纹装饰木线，搭配红色漆盘或青花瓷器中式摆件，时尚简约中彰显中式文化魅力。最后，“新”中式在材料上也更加多样化，材料更加丰富注重细节。如墙面采用多种材质，如亚光漆、草编壁纸、硅藻壁纸等环保材料的运用，地面青砖的运用等。布艺、亚麻、丝绸等材质的运用，都在继承传统的基础上融合了现代元素，更具体地展现出新中式风格的艺术特色。

设计 / 陈国强

设计 / 金世纪装饰 王烈

## 施工要点

镜面与木作结合的背景墙，施工中在以木龙骨固定细木工板衬板上安装实木线，喷漆后需要准确地量出所需镜面的尺寸并标记编号，因为在墙面木线安装和喷漆施工中可能出现一些误差导致间距有大小差别，如按照统一大小定做磨边银镜，安装后可能出现缝隙。

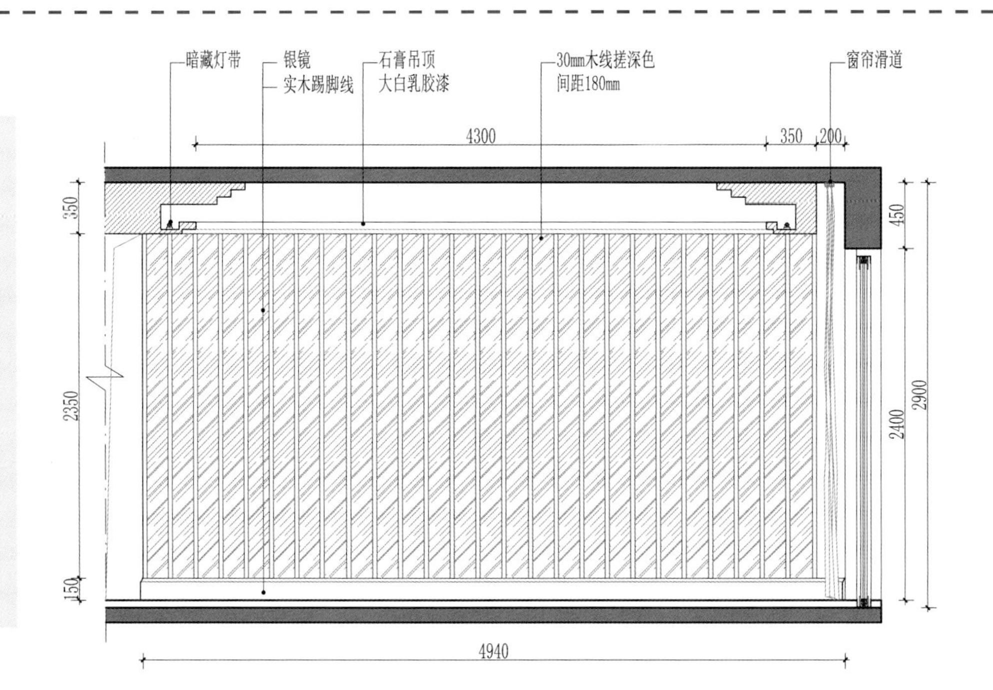

设计 / 品辰设计

设计 / 金世纪装饰 王烈

设计 / 大连金世纪装饰 张新

设计 / 谢志云

设计 / 萧氏设计

设计 / 萧氏设计

设计 / 武家辉

设计 / 巫小伟

设计 / 顾忠诚

设计 / 张楗波

设计 / 易文韬

设计 /DOLONG 设计

设计 / 林森 谢国兴

设计 / 萧爱彬

设计 / 卓天

设计 / 胡文波

设计 / 杨宏杰

## 现代中式风格居室空间意境的营造

中式风格设计的重点在于空间意境的营造。首先要确定整体设计基调，例如水墨意境、清雅禅意或沉稳浓重等。在造型设计、色彩搭配、材料选择方面都要在大的基调范围选择，不宜过多采用装饰纹样和色彩，破坏空间整体氛围。另外，恰当地摆放饰品，对空间意境的营造也非常重要，如有中国传统文化的水墨字画、工艺摆件、古琴、茶具、真丝刺绣等布艺制品都是不错的选择。传统中式家具除了具有使用功能外也是很好的装饰品，如明清家具中的圈椅、官帽椅、榻、几、案、屏风等都能突出中式古典韵味。利用中国古典园林的造景手法，选择竹、梅等中式韵味较浓的植物打造空间的“东方气质”。

设计 /LaLa

设计 / 萧爱彬

设计 / 许昌进

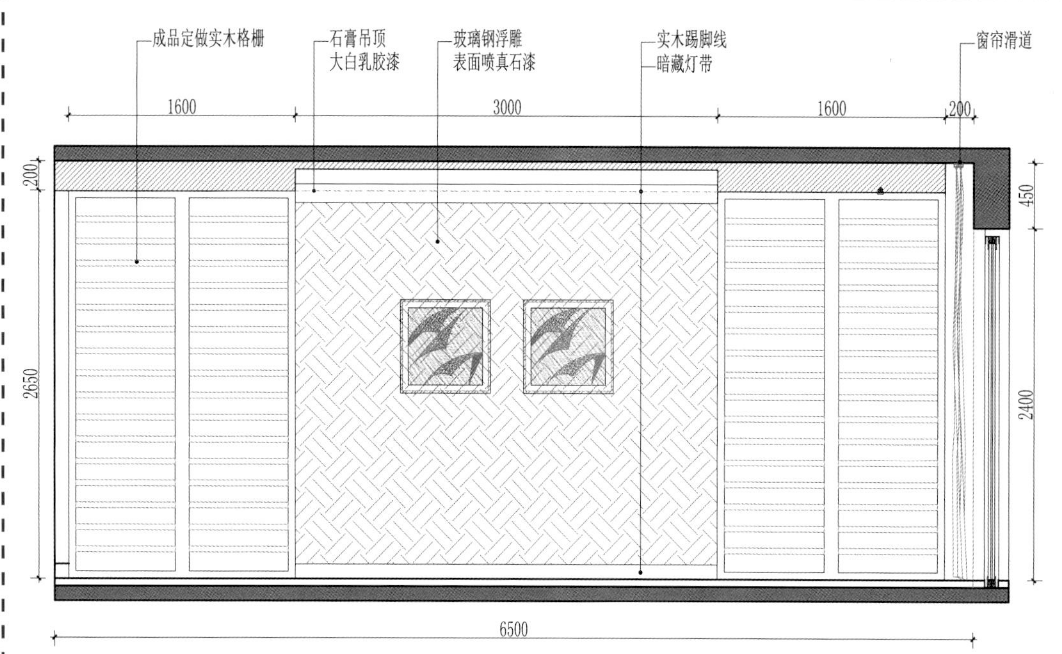


## 施工要点

本案中的客厅采用了立体浮雕背景墙的设计，现在市场中常用的浮雕材料一般是选用天然大理石、砂岩或玻璃钢仿制的，天然石材纹理质地自然、耐久防火、艺术表现力丰富，但造价较高；玻璃钢仿制石材浮雕形式多样，纹理花色可选性较强，还有轻巧易安装，价格低廉的优势。

设计 / 董子涵

设计 / 刘昌丁

设计 / 真水无香

设计 / 郝建

设计 / 七姓瑶家装 戚龙

设计 / 黄军

设计 / 谢称生

设计 / 周翔

设计 / 陈伟峰

设计 / 导火牛

设计 / 郑钊杰

设计 / 谢称生

设计 / 庄焕阳

## 如何设计现代中式风格客厅的天花？

常见的现代中式风格客厅天花造型有：以胡桃木色或深棕色中式角线装饰天花的简约型造型，以圆形或方形等其他形状跌级的吊顶的圈绕式造型，以木线、画格、木质中式装饰符号点缀的装饰型造型，镶嵌粘贴茶镜、壁纸等装饰面材的铺贴型造型，以及以实木搭接的复古厚重造型等。

设计 / 曾成毕

设计 / 北轩装饰

## 施工要点

墙面木作装饰一般为细木工板或密度板做底板固定在墙面，表面粘贴纹理优美流畅的木饰面板，再进行油漆施工（基层处理、搓色、底漆、面漆）。墙面木作装饰的工序复杂施工成本较高，如果可以尽量采用其他方式代替，如选择现在比较流行的三聚氰胺面漆板、免漆木线或定做成品装饰材料。

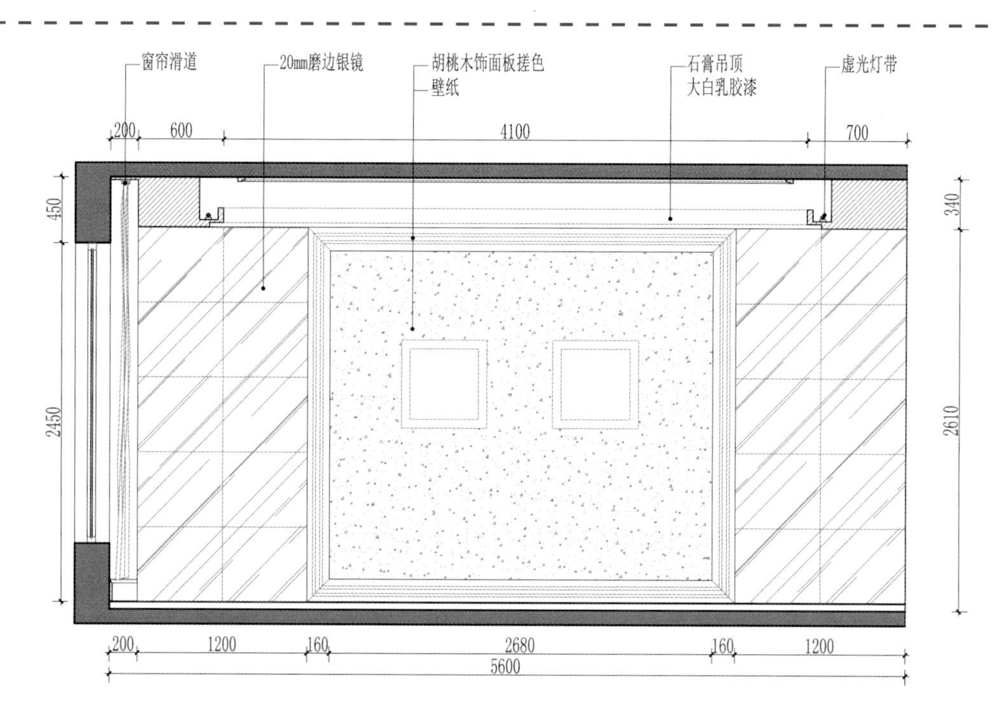

设计/萧爱彬

设计 / 刘耀成

设计 / 谭精忠

设计 / 金沙

设计 / 金沙

设计 / 阁韵空间装饰

设计 / 阁韵空间装饰

设计 / 阁韵空间装饰

设计 / 导火牛

设计 / 杜坤

设计 /LaLa

设计 /DOLONG 设计

设计 /LaLa

设计 /DOLONG 设计

设计 /DOLONG 设计

设计 / 萧爱彬

设计 / 梁醒辉

## 低层高户型天花如何设计?

对于低层高户型，在天花的设计上首先应注意避免在天花上设计较为复杂的造型和繁复的层次，尽量选择不必吊顶的设计形态，以免因此令空间层高更加低矮。在灯具的选择上亦以吸顶灯、嵌入式筒灯、壁灯等为宜，避免选择吊灯压低空间视觉高度。

设计 / 曾成毕

设计 / 黄伟峰

设计 /DOLONG 设计

## 施工要点

用天然大理石作为装修材料的人越来越多，但大家对大理石的了解还不够。挑选大理石时应注意以下几点：（1）天然大理石的纹理都有独一无二的天然图案和色彩，会有色差和天然色线等，所以在重要位置和大面积使用时要看石材现货，依据实际情况判断。（2）有些天然大理石有辐射，在居室里使用一定要慎重，石材按放射性高低被分为A、B、C 3类，按规定只有A类可用于家居室内装修。

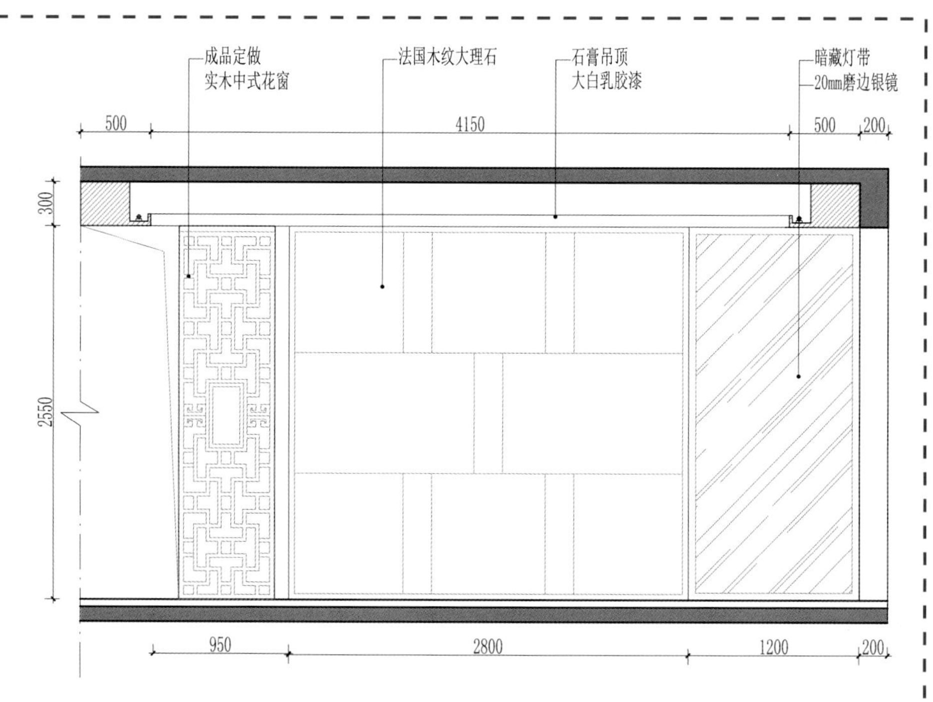

设计 / 胡凤涛

设计 / 三沐

设计 / 张华

设计 / 阁韵空间装饰

设计 / 宋辉

设计 / 原新华

设计 / 董子涵

设计 / 品川设计

设计 / 李守奇

设计 / 刘亮

设计 / 刘亮

设计 / 刘亮

设计 / 刘亮

设计 / 刘亮

设计 / 刘亮

设计 / 刘亮

设计/真水无香

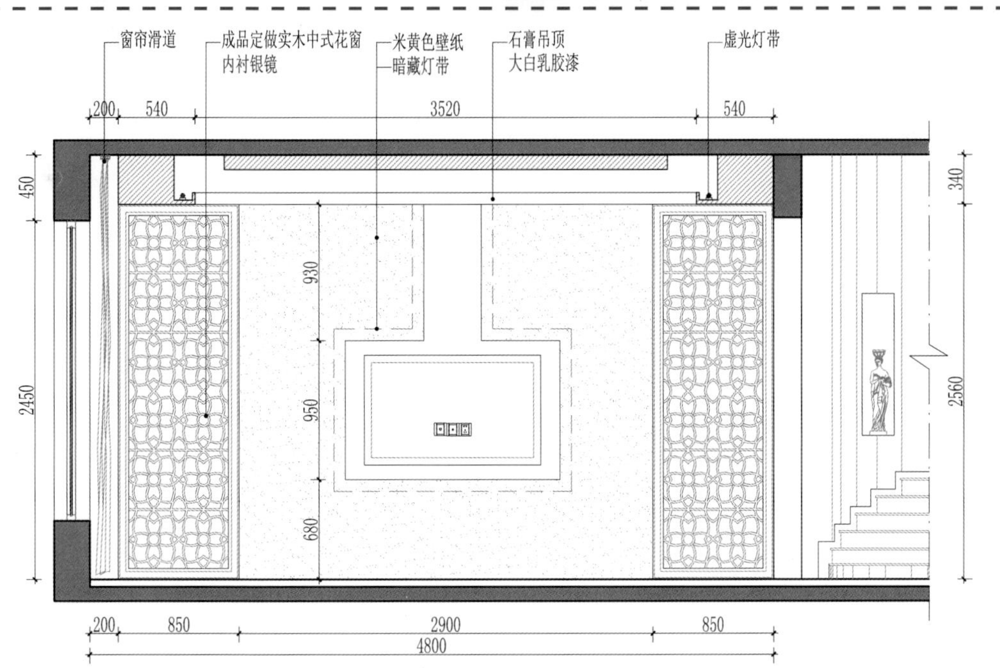


## 施工要点

现在电视背景墙安装虚光灯带的设计比较多，选择电视背景墙的虚光灯带时应该注意不要选用照度较高的荧光灯光源，最好选用照度低防水耐用的LED灯带。因为在电视周围出现强光会影响观看电视的效果，长时间观看会使人产生头昏目眩的感觉。在做虚光灯槽时还要注意灯带的隐蔽效果，尽量保证在近距离侧面看不到光源。

设计/李润明

设计/唐荣霞

# 新中式风格客厅背景墙的设计和施工要点

**1. 壁纸（壁纸、艺术壁纸、墙画）施工要点**

在铺装壁纸时注意在接缝处不宜残留多余的壁纸胶，如果未将残留的胶清理干净，将会出现开胶、泛黄等现象；壁纸的边角处应选用专业的封边胶进行处理；中式风格的壁纸对壁纸拼花的要求较高，在铺贴时首先保证工整，刀具剪裁无毛茬，同时对花要争取做到没有错位等情况。

**2. 中式风格装饰木作施工要点**

当装饰木作与墙面交接时，应处理好交接处的关系，应保证面与线的垂直和水平；装饰木作应保证安装牢固，完好，无裂缝及损坏部分；保证木作部分无明显的凸起钉头、毛茬等。

**3. 石材施工要点**

首先基层及施工现场应保证清洁平整，同时保证石材的清洁干燥；在铺贴过程中应注意石材表面纹理图案的统一，拼花石材需注意花色的对应；石材铺贴应预留缝隙，对应不同的石材选用相对应的填缝剂，在使用填缝剂前应用胶带将石材粘贴，避免填缝剂渗入石材纹理中不宜清洁。

**4. 装饰壁布硬包施工要点**

由木工板或密度板制作的造型边缘应处理为光滑的45°斜边以便于壁布的包装饰面，应选取环保型胶浆避免造成装修污染，粘贴壁布的胶浆浓厚度应适中，根据装饰壁布的厚度进行调配，避免结块和漏胶。

设计 / 刘杰

设计 / 融信西班牙 刘宝达

设计 / 梁醒辉

设计 / 解苏霆

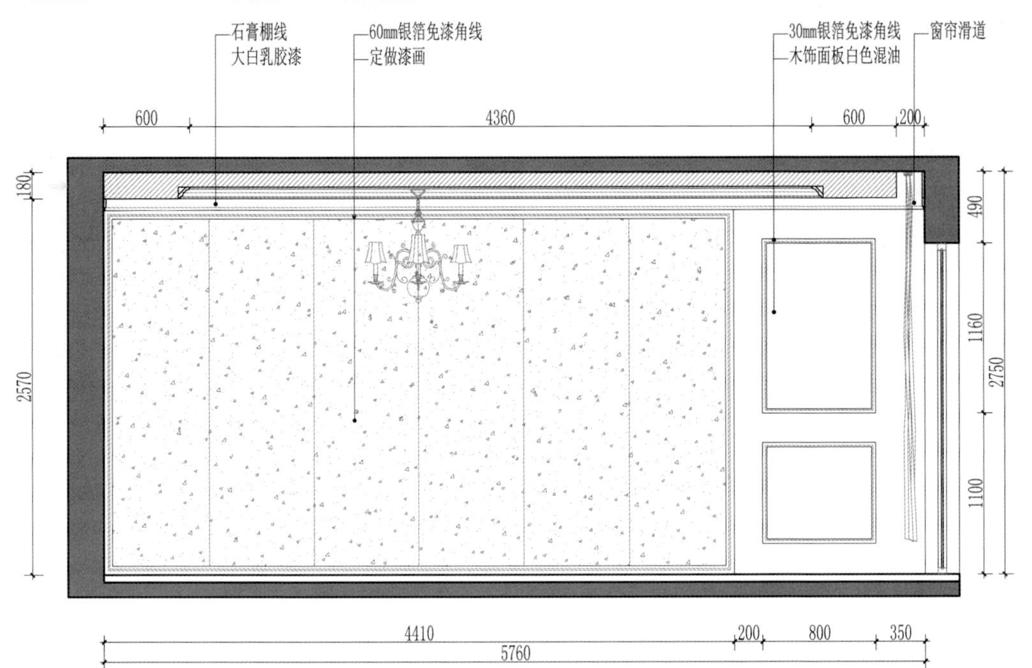


## 施工要点

现代中式风格的装修中，中国传统的漆器工艺来表达符合现代人的生活和审美习惯的装饰题材，让古典的艺术更具有简练、大气、时尚等现代元素，让现代家居装饰更具有中国文化韵味，体现中国传统家居文化的独特魅力。

设计 / 李中好

设计 / 林强

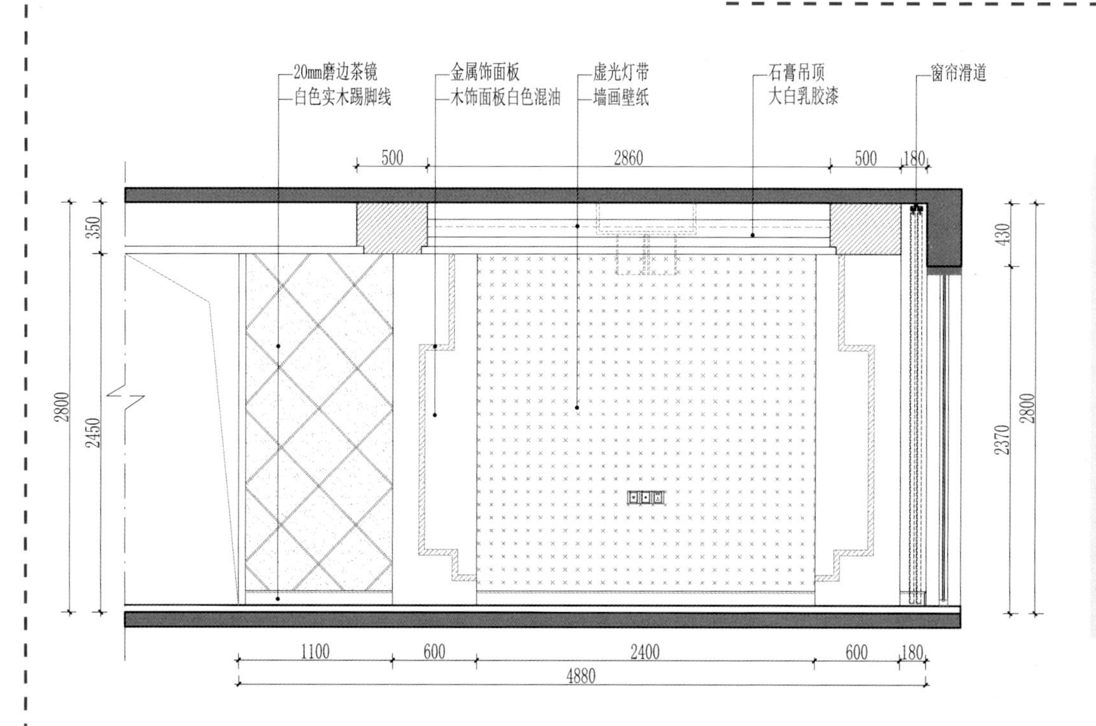


## 施工要点

墙面装饰采用木饰面板喷白混油的做法时，可以用密度板做造型，直接在密度板上做白色油漆，不需要再粘贴木饰面板。因为密度板表面比木饰面板更平整光滑，漆面效果更好。可以降低材料成本。

设计 / 阁韵空间装饰

设计 / 解苏霆

设计 / 解苏霆

设计 / 简中

设计 / 高仲元

设计 / 曾成毕

设计/陈新华

设计/陈文伟

设计/陈文伟

设计/陈帅

设计/陈明隆

## 现代中式风格客厅装修设计的宜忌

（1）在现代中式风格客厅的装修上，经常会遇到过度使用中式元素的现象，以强调风格特性，却因此导致空间感受杂乱和繁复，给人一种死板的风格感受，在造型上适当使用中式元素符号，既古朴自然同时又突出了装饰造型的重点。

（2）在家具的布置选择方面，不宜将空间布置得太满，传统的中式风格强调收放有余，适当地在空间中留出一些“空”间，才会令空间有一定的传统意境，一个过于拥挤的空间自然会降低空间的韵律感，也就破坏了设计风格的韵味和平衡。

（3）中式空间中常用的色彩有深棕色、紫檀木色、红木色等，体现传统中式空间的古朴，但是在整体空间中深色不宜过多，以避免营造压抑的空间感受，另外红色、金色等作为传统的中式色彩亦不宜应用过多，可作为点缀颜色，过多会营造较为杂乱的空间感受。

设计 / 陈文伟

设计 / 迟家琦

设计 / 叶智丽

## 施工要点

以草、麻、木、叶等天然材料的纯天然壁纸，具有自然质朴的特征，但耐久性、施工难度大、造价较高不宜于大面积使用。

草编壁纸收缩率较大，易产生气泡、皱褶，对施工人员要求较高。

草编壁纸表面由天然材料手工制作，因其天然特性，即便为同一批号壁纸也可能会有色差。其受到污染后污染物一般无法清除，订购货品时可以适当多订购 1~2 幅以备调整。草编壁纸不可擦拭，接缝溢胶后无法清理，在壁纸表面会产生“亮带”，故建议使用机器上胶，并使用保护带，以避免胶水溢到壁纸表面。

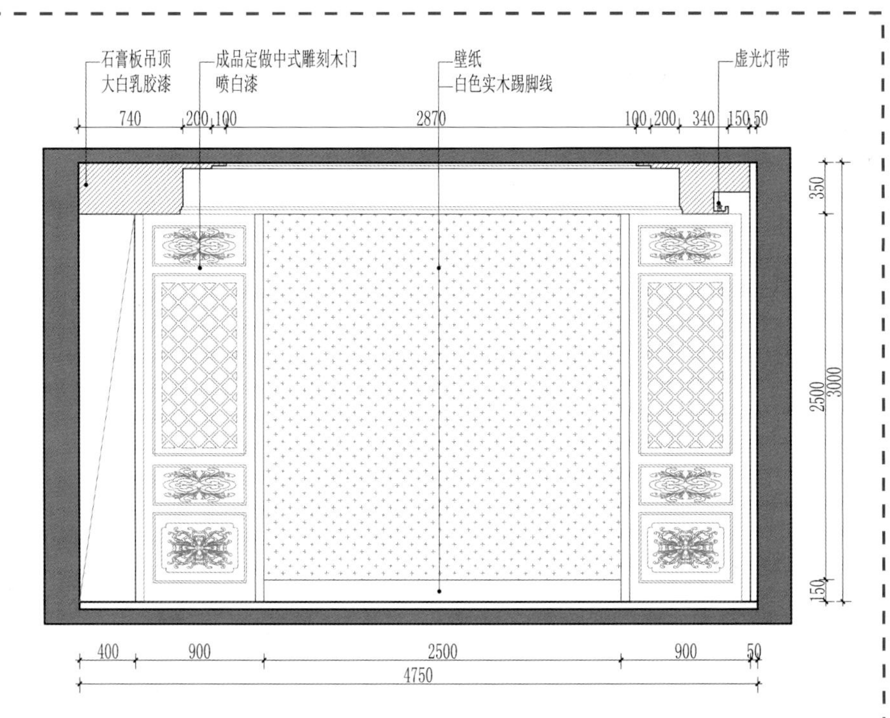

设计 / 康虎

设计 / 刘东

设计 / 侯伟佳

设计 / 王伟光

设计 / 王伟光

设计 / 付佳兴

设计 / 付佳兴

设计 / 天天 付佳

设计 / 席志宏

设计 / 张赐福

设计 / 张桥

设计 / 马晓熠

设计 / 张桥

设计／刘昌丁

## “中国红”用在哪里（300～500m²）？

“红”在中国有着深刻的内涵，意味着平安、吉祥、喜庆、祛病除灾、逢凶化吉。中国的许多宫殿庙宇墙壁都是红色，传统文化中，五行中的火对应的颜色也是红色，中国民间在很多元素上都运用了红色，如红色的盖头、红灯笼等。都有逢凶化吉，增加祥瑞的寓意。象征着吉祥如意的红色传递了恒久的喜庆气氛。在现代中式风格居室设计中加入传统的红色点缀，给室内增添一抹亮丽的喜庆色彩。经典的红色，在现代中式居室设计中要注意适当地运用。要巧妙地与室内整体色彩搭配，如与明黄色搭配更显活力，与黑白色搭配更显沉稳大气，与木色搭配则更能调节出温暖而舒适的氛围。

设计／毛毳

设计／张桥

## 施工要点

电视背景墙上的悬挑式大理石台面施工做法，首先将50mm角钢焊接骨架用膨胀螺栓固定在承重墙面上，角钢架安装牢固性非常重要，需认真检查，然后用细木工板做出台面的造型安装在角钢骨架上，参照细木工板基层的尺寸定做大理石，在大理石加工厂把转角接缝处做45°倒边处理，最后用大理石胶把大理石固定好。悬挑处的下方不需要粘贴大理石。

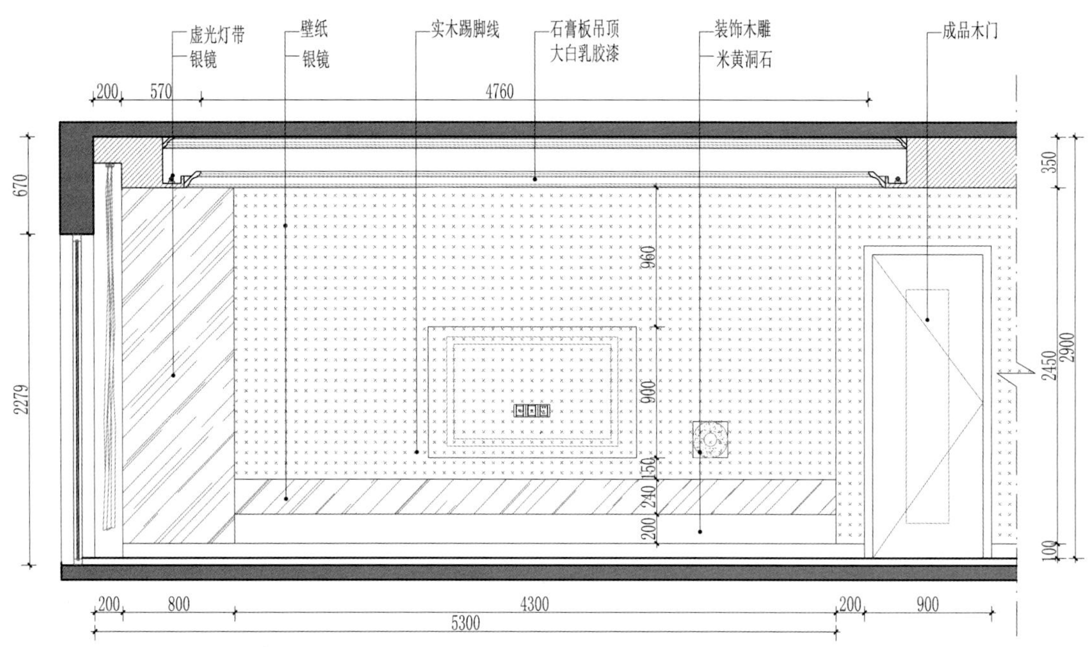

设计 / 李守奇

设计 / 王玮

设计 / 张工

设计 / 沙建磊

设计 / 田宏安

设计 / 朱丰梅

设计 / 谢小龙

设计 / 李文斌

设计 / 卓擎

设计 / 杨荷英

设计 / 古铭辉

设计 / 欧建书

设计/梁醒辉

# 现代中式风格客厅家具的选择与布置

XIANDAI ZHONGSHI FENGGE KETING JIAJU DE XUANZE YU BUZHI

## 中国传统明清家具的“幽寂之美”

近些年来随着中国风的流行，明清家具越来越被大家关注。像中国古代其他艺术品一样，不仅具有深厚的汉族文化艺术底蕴，而且具有典雅、实用的功能，还具有很高的收藏价值。明清家具造型朴素大方、线条流畅、沉稳华丽、工艺精湛，是中国古代家具艺术中的经典代表。

设计/梵石设计

设计/刘闯

设计/李润明

## 施工要点

中式花窗衬银镜的沙发背景墙，在开间较小的客厅可以使房间看起来通透明亮，墙面空间层次感丰富。

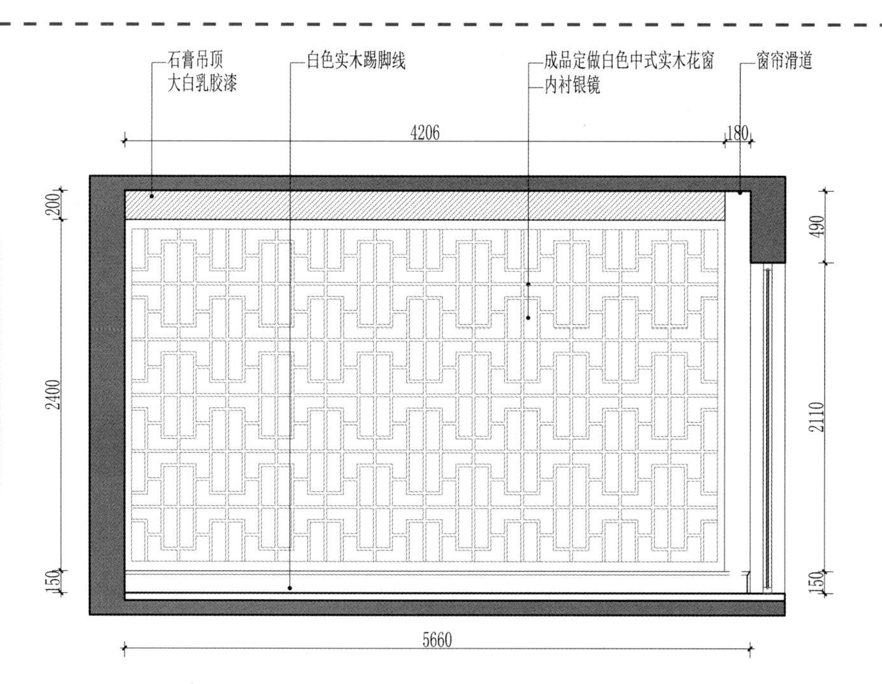

设计 / 刘伟

设计 / 邵士杰

设计 / 邵士杰

设计／陈帅

设计／贾峰云

设计／姜鑫

设计／梁醒辉

设计 / 邱波

设计 / 刘杰

设计 / LaLa

设计 / 李浩

设计 / 姚佩

## 现代中式风格客厅家具的搭配

现代中式设计将中式家具原始功能进行演变，在形式基础上进行舒适变化。比如把一些古老的家具新用，如把书案用作餐桌，把双人床用作沙发等。还有另一种是针对现代中式风格的家具设计，在设计理念上结合西式流畅的线条和简洁的造型。在风格上依旧沿用中式的传统。比如用现代简约风格的沙发配上一对明式圈椅，中式的感觉立刻呈现。又比如用明式的沙发配西式的贵妃椅，整个空间的中西合璧之感就更加强烈了。也可以在同一件家具中实现一种非常自然的古今搭配，因此我们完全可以挑选这些具有明显现代中式风格的系列产品来布置客厅。本身简洁的设计配上一些软体布艺坐垫，无论是观感还是体验，都显得非常舒适。

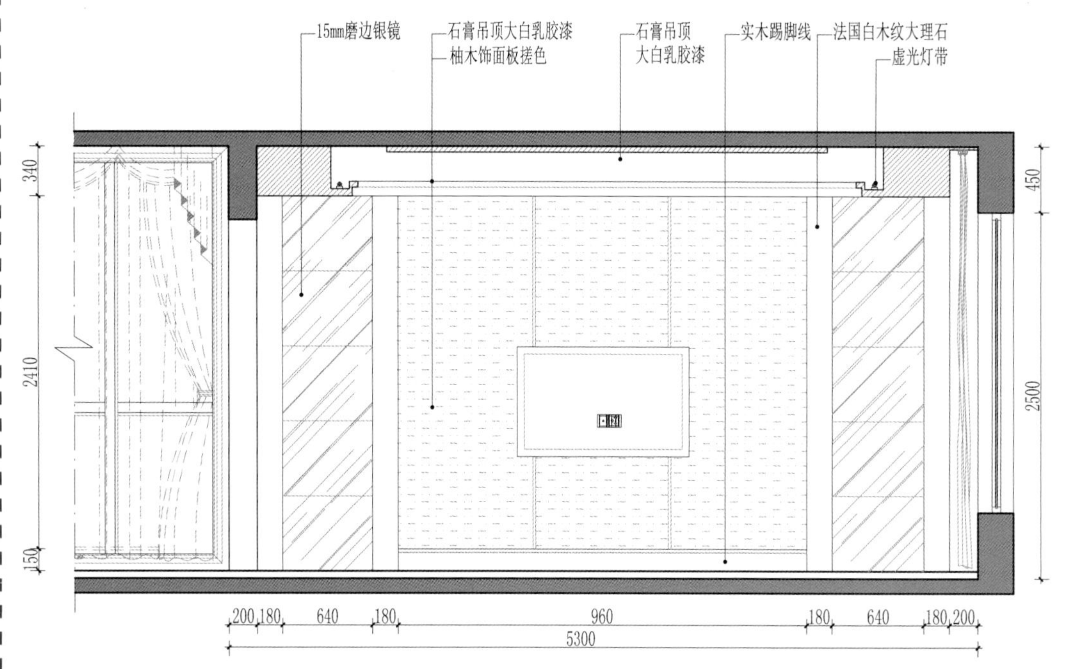


## 施工要点

用镜面装饰背景墙应该注意不要大面积使用，尤其是在面对沙发方向，避免太多地反射出沙发上坐着的人，这样会使人产生局促不安的感觉。同时镜面装饰要考虑到与其他墙面装饰材料的搭配。巧妙地运用镜面的切割拼接也可以产生意想不到的效果。

设计 / 陈文伟

设计 / 北轩装饰

设计 / 寒泉设计

设计 / 北轩装饰

设计 / 北轩装饰

设计 / 陈文伟

设计 / 卜什

设计 / 余顺弟

设计 / 寒泉设计

设计 / 寒泉设计

设计 / 解苏霆

设计 / 解苏霆

设计 / 李涵

设计 / 王魂 王海龙

## 客厅家具的摆放

中式家具和饰品往往以颜色较深或艳丽为主。因此在安排与摆放上应格外注意，要对整个客厅的色彩进行通盘考虑。如果与周围环境不协调，难免出现反效果。破坏整个客厅的艺术效果。雕梁画栋不能滥用。金碧辉煌的装饰尽量少用，大量使用“假古董”家具也会形成反效果。家具要和风格相结合，在新中式家具中最好采用配饰上多以线条为主的明式家具为优。

设计 / 寒泉设计

设计 / 李向明

设计 / 李秀玲

设计 / 杲长清

## 施工要点

纯天然的浅灰色亚麻壁布搭配深色胡桃木线边框使客厅散发淡淡的清香，舒适质朴的触感、雅致的色彩和纹理，在触觉、视觉上完美地展现了中式风格简朴优雅的特点与魅力。现在市场上有可以依据尺寸订制的整体无缝壁布，所以在购买前应在天花地面确定后准确量好墙面尺寸并标明墙的高和宽，保证纹理方向一致。

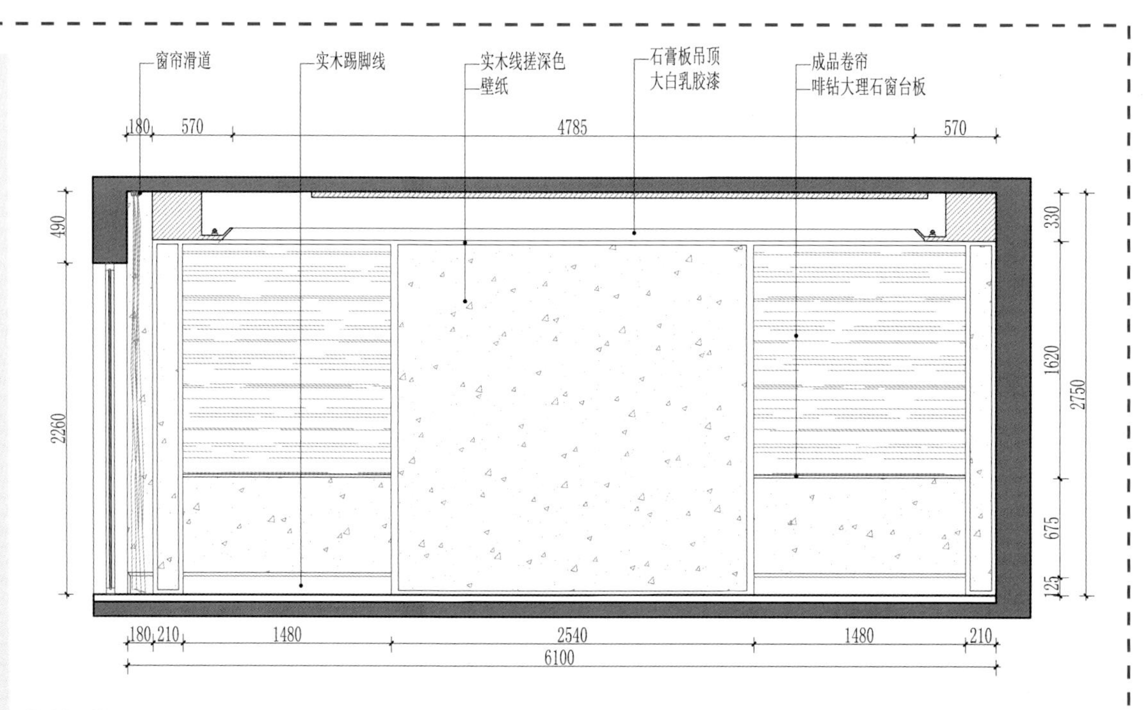

设计 / 林敖

设计 / 聂行根

设计 / 刘亮

设计 / 沈阳实创装饰

设计 /LaLa

设计 /LaLa

设计 / 导火牛

设计 / 徐甜

设计 / 东子

设计 / 阁韵空间装饰

设计 / 景峰

设计 / 澜庭设计

设计 / 李诗海

设计 / 刘非

设计 / 铭筑设计

设计 / 铭筑设计

设计 / 孙传财

## 挑选中式家具技巧

挑选中式家具要首先远观它的整体造型，看它的整体比例是否和谐，整体与局部，局部中是否和谐。再看它的线条是否流畅。中式家具和其他门类的物品不尽相同，也有作假现象。尤其是在现在市场价格不断提高的作用下。因此购买时要格外小心。明清时期的家具一般较重，而新式现代家具则较轻。

一般采用较差材质的家具通常使用硬木，因为硬木家具的材种不易分辨。易与好的材质家具混淆。此外投机商也会通过用颜料改变木质的颜色的手段来冒充良木。20 世纪 30 年代以后自然色泽和有纹理的木质开始受到让人们的喜爱，因此也出现了很多类似的仿冒品。其中硬木一般为紫檀、黄花梨、花梨、铁力等。紫檀一般为黑色，而黄花梨木具有木纹美丽的特点。

设计 / 萧爱彬

设计 / 萧爱彬

设计 / 李凯

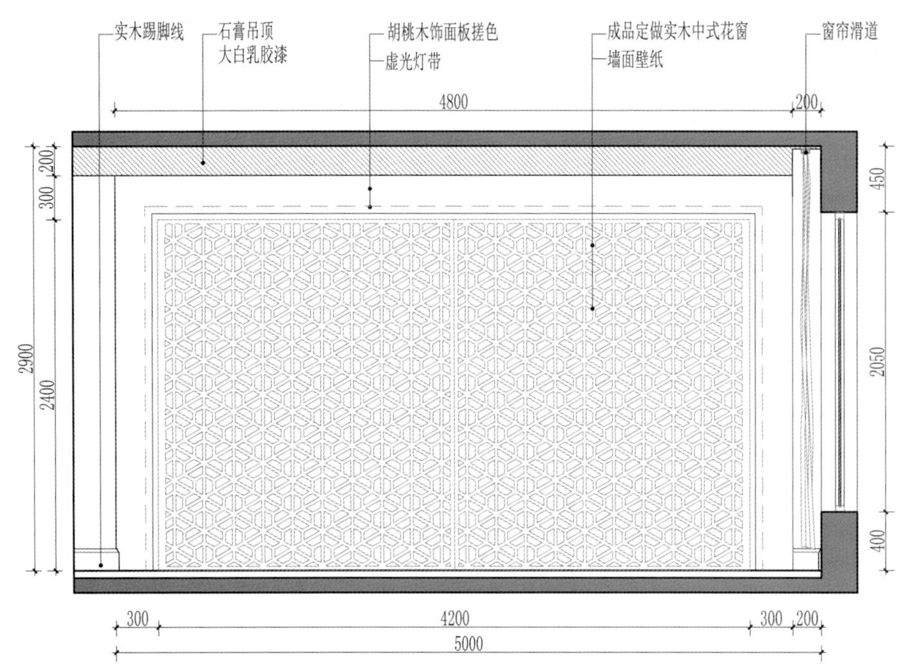


## 施工要点

沙发背景墙的虚光灯带可以适当选择照度较高的光源，经过墙面的漫反射可以在客厅中呈现一大片面光源。这种漫反射的面光源避免了灯光的直射，光线柔和，装饰效果极好。

设计 / 高仲元

设计 / 萧爱彬

设计 / 萧爱彬

设计 / 萧爱彬

设计 / 侯伟佳

设计 / 钟廷昌

设计 / 冯易近

设计 / 昆山叙品装饰工程有限公司

设计／萧爱彬

设计／郑泽波

设计／谢小龙

设计／萧爱彬

设计／LaLa

设计／萧爱彬

设计／黄新华

设计 / 刘军强

##  小空间如何选择摆放家具?

**根据空间尺度定制家具**

由于空间尺度小，为了能够在最小的空间中满足更多的使用需求，定制家具是一个较好的解决方法，根据空间的尺寸利用转折处的空间制作柜体、桌椅等，可以节省空间，避免空间的拥挤。

**充分利用垂直空间**

由于空间平面面积较小，在家具的布置摆放上可利用垂直空间，如将储物空间悬挂于墙体顶部，或选择二层的床铺、桌椅等。

**选用多功能家具**

随着人们生活品质的提高和科技的发展，多功能家具成为小空间的一个最佳选择，一个家具可以满足多种使用需求大大的节省了空间，一个沙发可以兼具床、书桌、书柜、茶几等多重功能，一些具有升降、折叠功能的多功能家具是小空间布置的必备品。

**家具尺度不宜过大**

小空间家具的选择亦以简约精致为宗旨，大的家具与小的空间尺度相搭配会破坏空间的平衡感，造成拥挤的空间感受，而小尺寸家具则会使空间感觉变得更加开阔宽敞，具有调节空间尺度感的作用。

设计 / 刘耀成

设计 / 黄泽

## 施工要点

砖墙给人一种简单怀旧的感觉，现代家居空间和砖墙结合，是现代与复古的碰撞。砖墙背景墙的施工并不是用真正的红砖砌筑，而是用一种仿制红砖纹理的文化砖材料，请瓦工用胶泥像贴墙砖的方法安装到墙面上，表面可以刷涂料装饰。

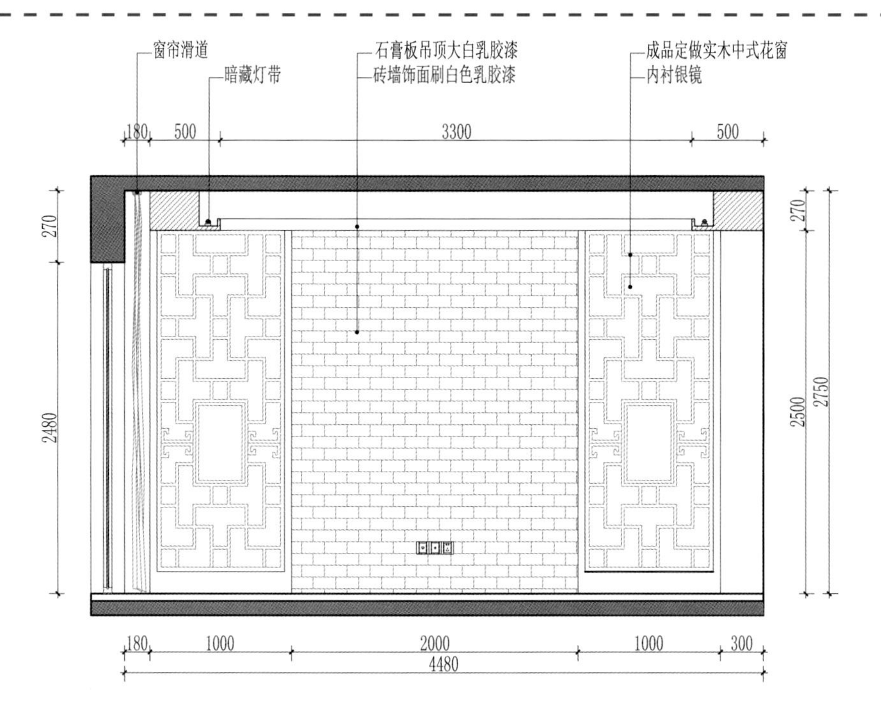

设计 / 刘耀成

设计 / 李向明

设计 / 顾忠诚

设计 / 北轩装饰

设计 / 吴锐

设计 / 北轩装饰

设计 / 北轩装饰

设计 / 汪桃

设计 / 王勇

设计 / 武汉支点设计

设计 / 博洛尼装饰 谷长美

设计 / 大连金世纪装饰

设计 / 大连金世纪装饰 张新

设计 / 大连金世纪装饰 丛启楠

设计 / 萧氏设计

设计 / 金世纪装饰 鲁倍宁

设计 / 金世纪装饰 马岩华

设计/郑钊杰

# 灯具的选择

DENGJU DE XUANZE

## 客厅灯具的照度要求

客厅的照度标准　一般而言，居家空间到底适用何种光源，除依据室内的整体规划外，也应考虑用电之效率及各场所所需之应有照度。每一不同使用目的的场所，均有其合适的照度来配合。一般客厅的照明需要多样化，既有基本的照明，又要有重点的照明和较有情趣的照明，这样的照明效果才能营造一种氛围；餐厅的照明应将人们的注意力集中到餐桌，一般用显色性好的暖色调吊线灯为宜，以真实再现食物色泽，引起食欲；卧室灯具的光源光色宜采用中性的且令人放松的色调，辅以实际的照明需要：如梳妆台和衣柜需更明亮的光，以及床周围的阅读照明等。

设计/程奇山

设计/金世纪装饰 马岩华

设计/刘闽

设计 / 吴序群

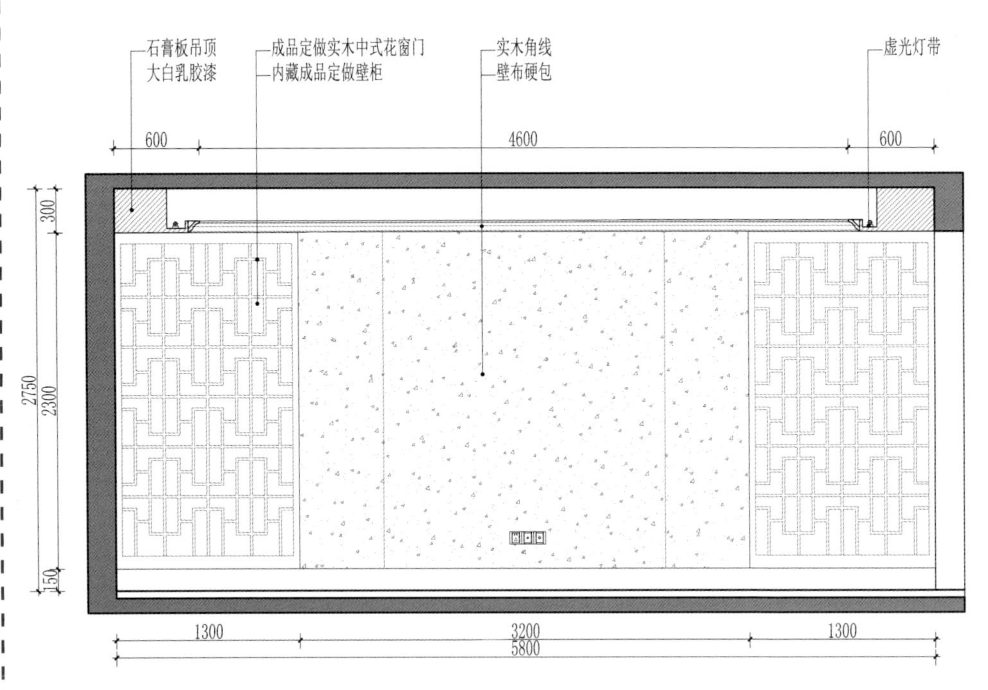


## 施工要点

壁纸在家厅装修中被经常使用，在选购壁纸时应根据使用的部位和功能要求合理地选择。壁纸按材质分，主要有纯纸壁纸、PVC壁纸、无纺布壁纸。纯纸壁纸环保性较好无味，但耐水性相对比较弱。PVC壁纸有一定的防水性，施工方便，表面易清洁。无纺布壁纸又叫布浆纤维或木浆纤维，是目前最流行的新型绿色环保壁纸材质。以棉麻等天然植物纤维经无纺成型的一种壁纸。不含任何聚氯乙烯、聚乙烯和氯元素。视觉效果和手感柔和，透气性好。

设计 / 大连金世纪装饰 丛启楠

设计 / 萧爱彬

设计 / 袁仁山

设计 / 钛马赫工作室 卢彦斌

设计 / 沈阳实创装饰

设计 / 赵广

设计 / 古铭辉

设计 / 赵广

设计 / 杨军

设计 / 蒋聪

设计 / 林文通

设计 / 孙传财

设计 / 李波

设计 / 林金亮

设计 / 陆枫

设计 / 蔡亮

设计 / 谢志云

设计 / 陆枫

设计 / 吴序群

## 现代中式风格客厅灯具的特点

中式风格灯具在造型上讲求传统的对称性，装饰外观更加地在乎中式元素的应用与体现，例如将水墨画、京剧元素、梅兰竹菊、诗词书法、传说神话等与灯具相结合，体现出强烈的中式古典韵味与风格。另外，中式灯具在装饰手法上以古朴的镂空雕刻居多。常见的中式风格灯具有羊皮灯、木艺灯、竹子灯、宫灯、木架灯等。

设计 / 昆山叙品装饰工程有限公司

设计 / 卜什

设计 / 兰海亮

## 施工要点

米黄洞石的挑选：

洞石是因为石材的表面有许多孔洞而得名，纹理自然优美成波浪形，色彩均匀色差小，适合大面积在墙面使用。洞石多洞质地不够坚硬，不适合在地面使用。

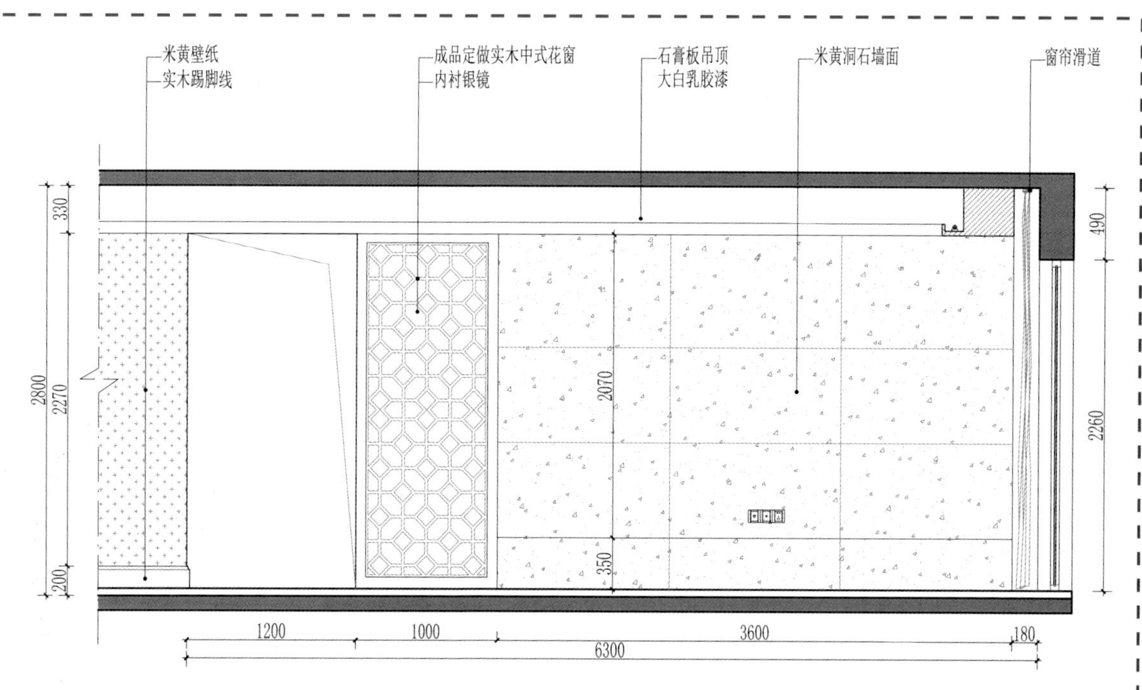

设计／叶智丽

设计／黎世红

设计／杨军

设计 / 李诗海

设计 / 唐丹

设计 / 沙建磊

设计 / 刘勇

设计 / 品川设计

设计 / 昆山叙品装饰工程有限公司

设计 / 欧阳震华

设计 / 孟红光

设计 / 王欢

设计 / 贾峰云

设计 / 贾峰云

## 如何挑选现代中式风格客厅灯具？

新中式灯具是对中国传统文化的凝聚，使中国风能够更好地得到体现。吊灯的花样最多，常用的有欧式烛台吊灯、中式吊灯、水晶吊灯、羊皮纸吊灯、时尚吊灯、锥形罩花灯、尖扁罩花灯、束腰罩花灯、五叉圆球吊灯、玉兰罩花灯、橄榄吊灯等。用于居室的分单头吊灯和多头吊灯两种：前者多用于卧室、餐厅；后者宜装在客厅里。

在灯具的选择上，根据不同的天花造型选择相对应的灯具类型为宜，当天花为中间高四周低的跌级型吊顶时，亦选用下垂感较强的吊灯，具有较好的均衡空间的作用，例如古朴的宫灯造型吊灯，可以营造简洁大方的感觉。当天花为造型丰富的梁架结构时，选择镶嵌式筒灯搭配吸顶灯，例如光线柔和、颜色温馨的仿羊皮吊灯可以给人以温馨、宁静的感觉。

另外也可以根据居室的风格选择灯具，当空间的风格是较为丰富古典的整体氛围时，可选择对应色调造型的吊灯相呼应；当空间为现代简约风格时，则应选取线条简单、结构明晰的吸顶灯等灯具相搭配。

设计 / 蔡亮

设计 / 富尔特装饰

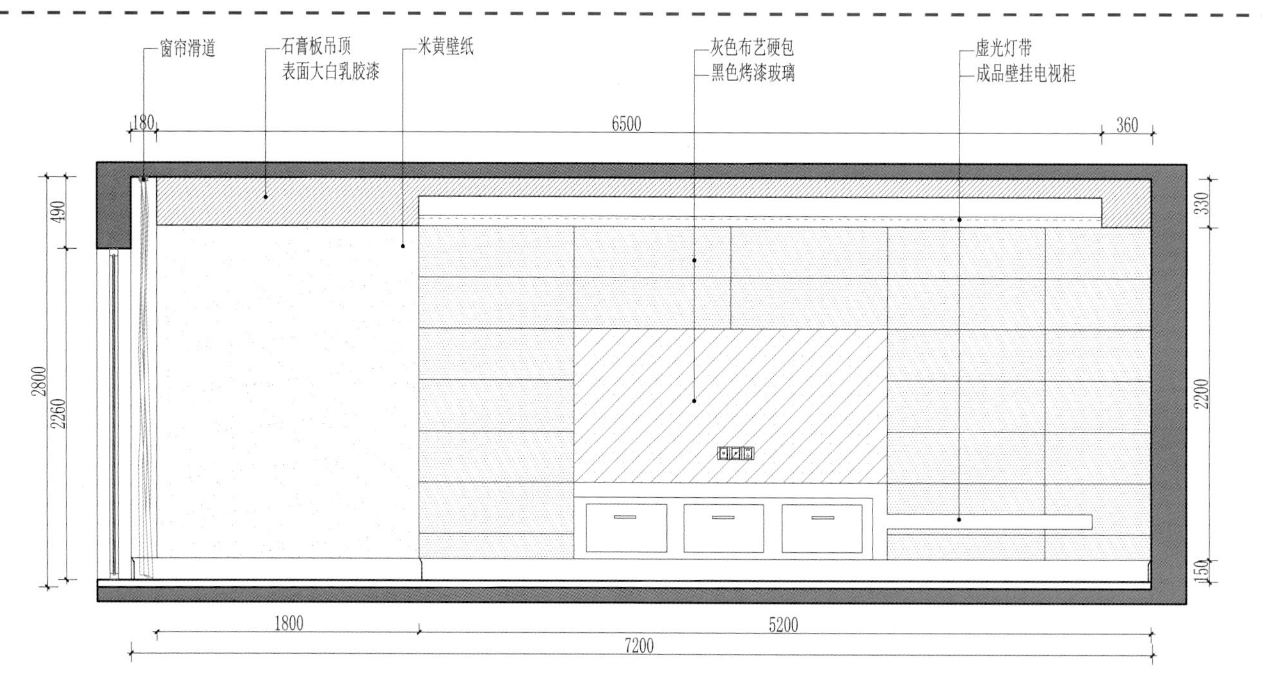


## 施工要点

本案电视背景墙采用墙面皮革软包与黑色烤漆玻璃结合设计，在施工中皮革软包完成面可以达到20mm厚，如在同一基层上安装5mm厚烤漆玻璃，高差太大效果不好，可以在烤漆玻璃后面增加5~8mm垫层再安装。

设计 / 常宁

设计 / 柯与陈

设计 / 雷久东

设计／黎武

设计／李正杨

设计／林志明

设计／孟旭

设计／黎武

设计／孟红光

设计／刘洋

设计 / 唐丹

设计 / 唐丹

设计 / 田来帅

设计 / 田来帅

设计 / 王建军

设计 / 王欢

设计 / 唐丹

设计 / 杨胜美

## 现代中式风格客厅常用的照明方式

整体照明应保证空间照度的均匀、明亮、舒适，针对的是整体空间，避免过多的单独区域的光线投射，因此在灯具的选择上宜以散射式光源为主，如吸顶灯、顶棚式吊灯、虚光灯带等属于整体照明。多数的整体照明均布置在房间的中央位置，用以增加空间和顶棚的整体亮度。

局部照明是为满足某一局部区域的照明需求和装饰需求而设置的，因此针对局部照明以满足高照度的特殊需求，并且可以使整体空间的照明系统产生丰富的层次，台灯、壁灯、射灯、地灯、投光灯等均属于局部照明。另外局部照明也起到装饰照明的作用，筒灯、射灯等针对空间中装饰挂画、装饰摆件、艺术插花等陈设可以营造较好的光影效果和氛围。

设计 / 昆山叙品装饰工程有限公司

设计 / 杨胜美

设计 / 黎武

设计 / 候恒清

设计／陈志超

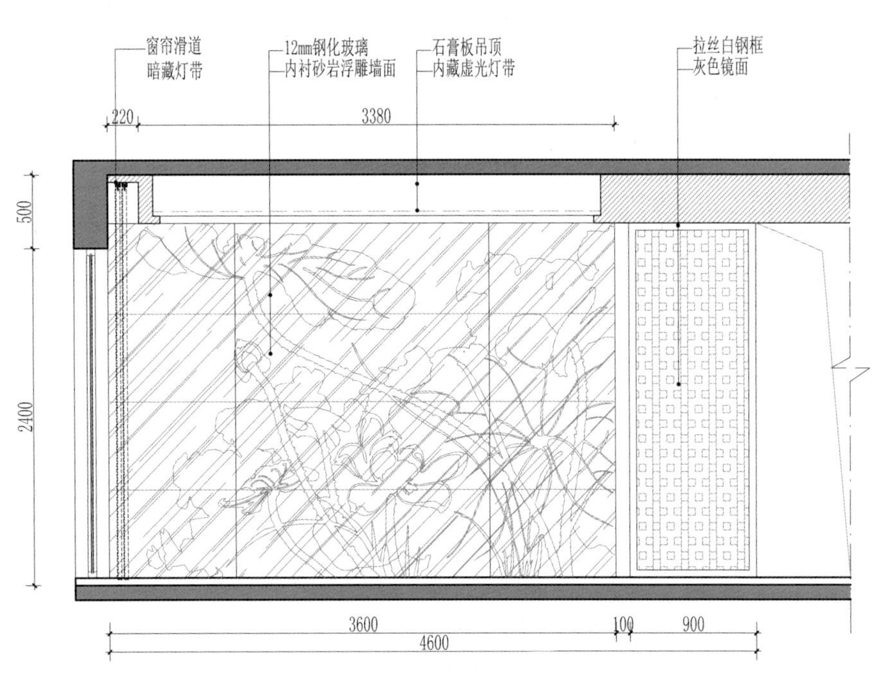


## 施工要点

本案的电视背景墙是采用玻璃幕墙内衬浮雕墙面的设计方案，在施工中有几点需要注意：1. 背景墙上方的虚光灯带要选用质量较好的光源，线路需反复认真检查，确保无误后再安装浮雕墙面和玻璃幕墙，避免日后出现问题再次拆装。2. 玻璃隔断要选用12mm厚钢化玻璃。3. 浮雕墙面安装完毕做好清洁除尘工作后，再安装玻璃隔断，用透明玻璃胶将所有缝隙粘好做好防尘工作。4. 因为电视背景墙为透明玻璃，所以电视的电源插座要安装在地面上，在地面铺装前要预留地插位置。

设计／郝建

设计／张峰

设计 / 黎世红

设计 / 付佳兴

设计 / 付佳兴

设计 / 付佳兴

设计 / 何帅剑

设计 / 李中俊

设计 / 辽宁绿港装饰

设计 / 徐柯

设计 / 殷冰

设计 / 周周

设计 / 陈汉武

设计 / 陈华金

设计 / 温州苍南县博雅装饰（设计）有限公司

设计／何帅剑

# 现代中式风格客厅的软装配饰

XIANDAI ZHONGSHI FENGGE KETING DE RUANZHUANG PEISHI

## 现代中式客厅布艺的选择与搭配

客厅选择暖色调图案的窗帘，能给人以热情好客之感，若加以网状窗纱点缀，更会增强整个房间的艺术魅力。如浅棕色、棕红色的家具可搭配米黄、橘黄色窗帘，白色家具可配浅咖啡、浅蓝、米色窗帘，使房间显得幽雅而不冷清，热烈而不俗气。餐厅里，黄色和橙色能增进食欲，白色则有清洁之感。无论选择什么样的窗帘，要考虑室内的墙面、地面及陈设物的色调，窗帘的色调要与居室的色彩基调和谐，与之相匹配，以便形成统一和谐的美。根据居室的整体风格来配置家庭中的窗帘，窗帘的设计与家庭的格调相衬，不要刻意创造空间。窗帘选择好，它的装饰作用能很好地体现，会弥补装修中的不足，更好地体现家居风格！

选择窗帘的时候，不应忽视季节的因素。夏季窗帘宜用质料轻柔的纱或绸，以透气凉爽，色彩上可以选用白色、米色、淡灰、天蓝色；冬天宜用质厚的绒线布，厚密温暖，宜用棕色、墨绿、紫红、深咖啡色；春秋的季节可以用花布窗帘，它四季皆宜。春天窗帘应选择活泼明快的粉红色，秋天是成熟的季节，可选枯黄色。窗帘是一道风景，如果经常地换一换窗帘，不仅足不出户享受四季，还能让居室永远保持新鲜感。

设计／张峰

设计／长沙烙意设计工作室

## 施工要点

端庄大气的现代中式客厅采用黑色烤漆玻璃衬托金色丝绒刺绣屏风，更显雍容华贵。

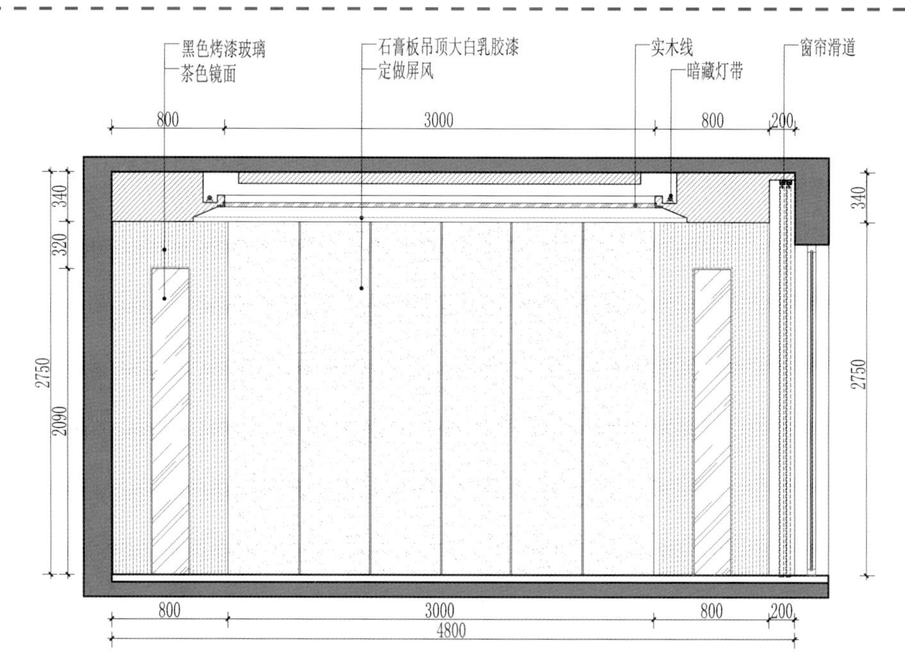

设计/澜庭设计

设计/张洪宾

设计 / 吴品

设计 / 李建春

设计 / 孙传财

设计 / 尚方 · 同创装饰工作室 余游

设计 / 尚方 · 同创装饰工作室 余游

设计 / 郝建

设计 / 刘青清

设计 / 唐丹

设计 / 唐丹

设计 / 要强

设计 / 曾成毕

设计 / 曾成毕

设计 / 曾成毕

设计 / 张峰

设计 / 陈毛豪

设计 / 黄军

设计 / 萧爱彬

设计 / 张海峰

设计 / 导火牛

设计 / 吴明太

设计 / 巫小伟

## 低调奢华的“真丝”布艺

真丝布料特点优势：真丝布料是纯桑蚕白织丝织物，采用斜纹组织编制。根据织物平方米重量，分为薄型和中型。根据后加工不同分为染色、印花两种。它的质地柔软光滑，手感柔和、轻盈，花色丰富多彩，穿着凉爽舒适。主要用作夏令衬衫、睡衣、连衣裙面料及头巾等等。传统真丝刺绣装饰效果典雅奢华，穿着舒适是真丝面料为人所喜爱的主要优点。蚕丝是蛋白质纤维组成，具有与人体良好的生物相容性，具有光滑的表面相结合，对人体刺激是所有类型的纤维摩擦系数最低的，只有 7.4%。吸放湿性。耐热吸音，防尘。丝绸面料有较大的孔隙率，具有良好的吸音，抗紫外线作用。

设计 / 李浩

设计 / 创意空间装饰 宋富鑫

设计/融信西班牙 刘宝达

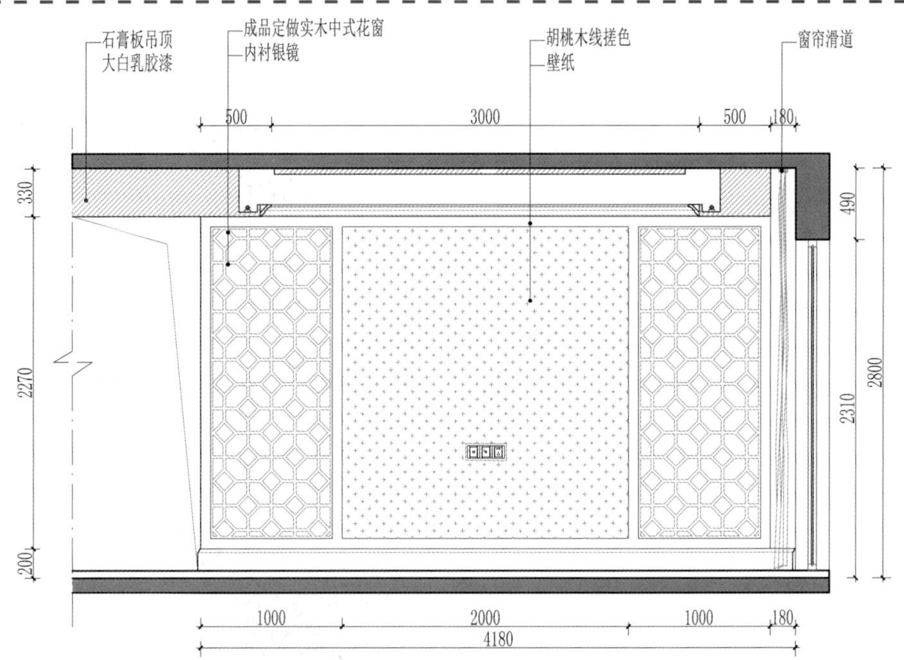


## 施工要点

墙面采用壁纸装饰时，粘贴壁纸前应该在墙面找平刮完大白后确保墙面完全平整，粘贴 PVC 壁纸时最好在墙面刷一层基膜，这样壁纸比较吃胶。现在壁纸一般不用浸泡直接刷胶即可，刷胶时要注意均匀涂胶。在验收时在光线较好的情况下站在里壁纸 1m 远处，检查是否有明显的接缝，对花是否整齐。

设计/3C 工作室

设计/康宁

## 施工要点

真丝壁布硬包墙面，因为真丝布料较薄不宜直接包裹密度板，最好在密度板上先包一层质地厚些的白色壁布做衬，才能更好地展现真丝的色彩和光色度，另外还要注意包真丝布料要均匀地拉伸保证其平整度。真丝价格昂贵又脆弱，易缩水变形，施工过程中还要做好防潮工作，避免日光直射。

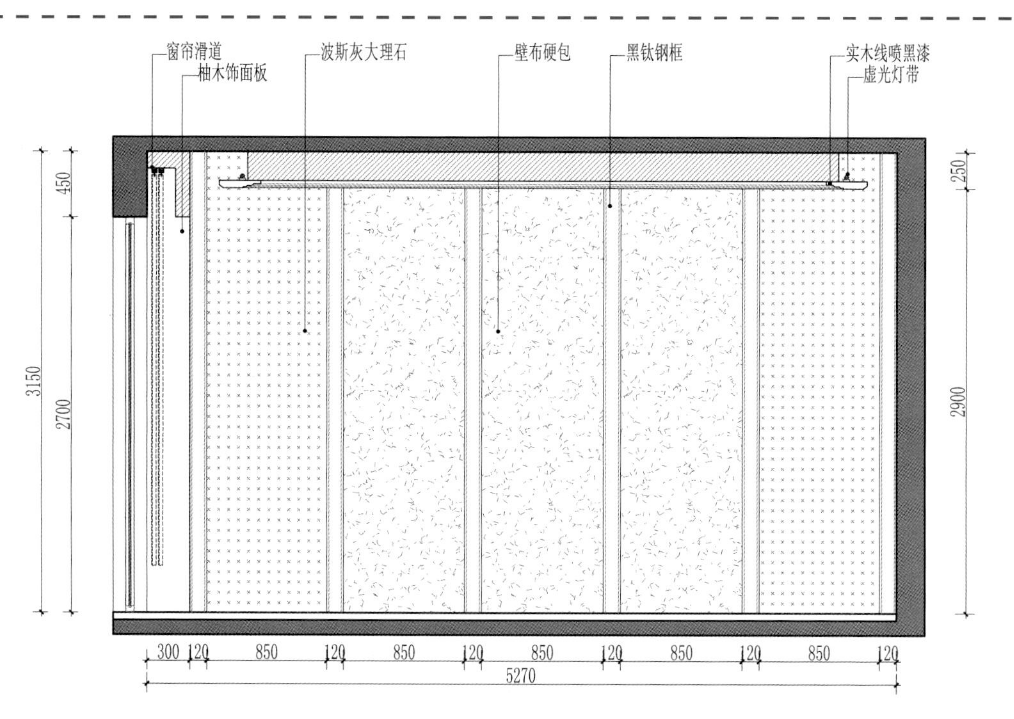

设计 / 张起铭

设计 / 刘成强

设计 / 阮鲁明

设计 / 赵学平

设计 / 李文斌

设计 / 梁醒辉

设计 / 李芝强

设计 / 李芝强

设计 / 昆山叙品装饰工程有限公司

设计 / 刘东

设计 / 吕建伟

设计 / 马飞

设计 / 马飞

设计 / 马飞

设计 / 马飞

设计 / 欧建书

设计 / 七姓瑶家装 戚龙

设计 / 张洪宾

设计 / 欧建书

# 中式传统装饰图案的“青花艺术”

青花艺术是中国传统艺术文化的杰出代表。上千年来，青花艺术用它独特的艺术语言：或精细刻画，追求高超的形式美法则，彰显其优雅的“气质”，或运用传统中国画的写意手法，追求简练、意象，向世人诠释了中华民族所独有的审美情怀。中国的青花艺术可追溯到唐代，虽然就其当时的工艺水平来看它并不成熟，但是它的表现方式确已是成熟的。而这种成熟正是因为和我国其他艺术形式的成熟有着密切的联系。因此，这也正是中国的青花艺术在今天的艺术舞台中仍然绽放出巨大魅力的原因。而随着人们生活水平的不断提高，以及生活环境的不断改善，越来越多的人要求从高层次、深内涵上去感受美、创造美。他们将自己的生活空间用中国传统装饰元素装点，从而感受其传递出的中国气息与情感。在现代室内设计中采用中国传统装饰元素，会使得整个空间有着时代特性的文化亮点，这种将中国古代文明与现代文明自然地衔接方式，极大地提升了中国传统装饰元素经久不衰的魅力。

设计 / 李诗海

设计 / 长沙烙意设计工作室

设计 / 李诗海

## 施工要点

本案的电视背景墙选用水墨画题材做装饰，用手绘墙画的方法很难将中式水墨晕染的效果表达出来，采用无纺布真丝缎布材质制作墙画壁纸表现水墨画可以达到完美逼真的效果。订制墙画壁纸时比墙面实际尺寸略大一些，施工时根据现场情况做收边处理。

设计 / 唐丹

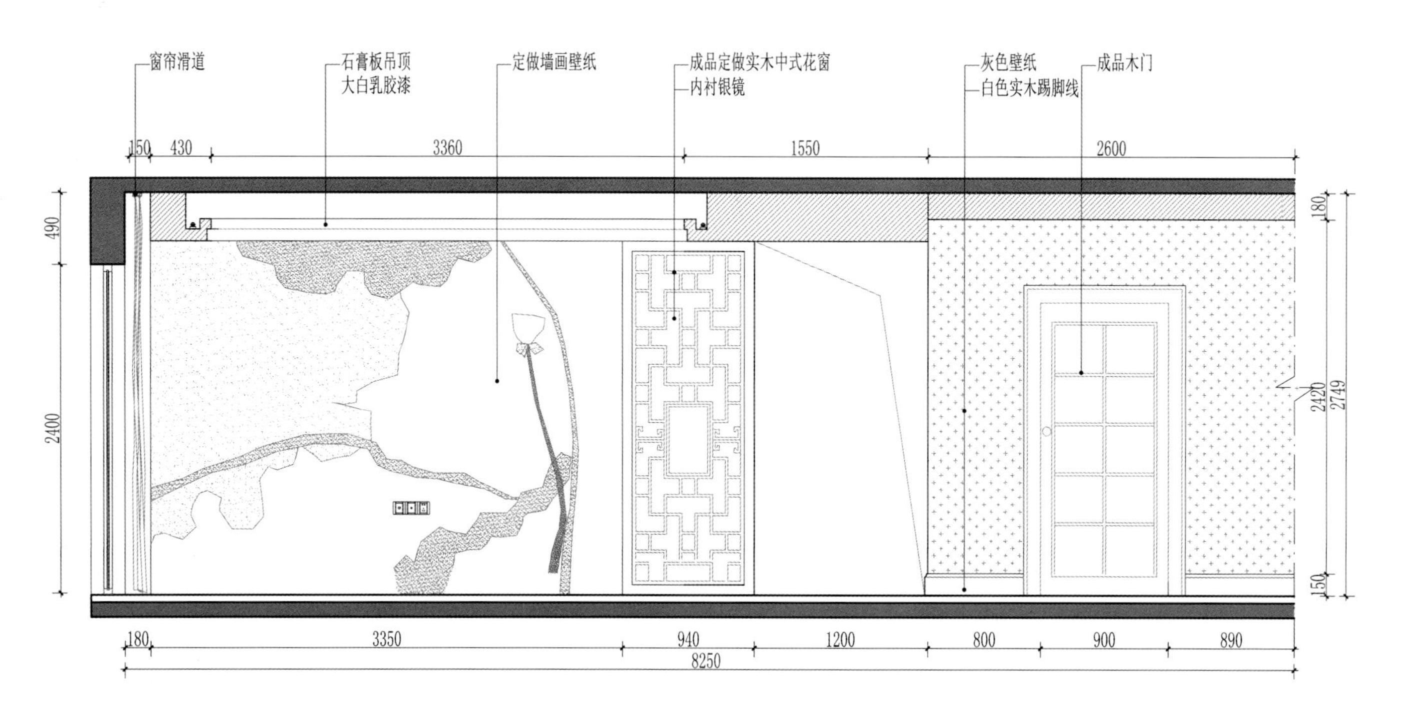

设计 / 周翔

设计 / 欧建书

设计 / 欧建书

设计 / 王海兵

设计 / 吴文进

设计 / 张謇

设计 / 周朝辉

设计 / 周朝辉

设计 / 周扬

设计 / 周扬

设计 / 卓天

设计 / 佘俊超

设计 / 曾成毕

设计 / 华伟工作室

设计 / 孙悦文

设计 / 金世纪装饰 王烈

设计 / 王建军

## 现代中式风格中的“漆”文化

漆画以天然大漆为主要材料的绘画，除漆之外，还有金、银、铅、锡以及蛋壳、贝壳、石片、木片等。它既是艺术品，又是实用装饰品，成为壁饰、屏风和壁画等的表现形式。漆画越来越走进人们日常生活之中，它增添了艺术感。狭义的漆画指以天然大漆为主要材料的绘画，广义的漆画是指一切运用漆性物质的画。漆画具有绘画和工艺的双重属性。它既是艺术品，又是和人民生活密切相关的实用装饰品。漆画的材料多种多样。除了漆之外，还有金、银、铅、锡以及蛋壳、贝壳、石片、木片等。入漆颜料除银朱之外，还有石黄、钛白、钛青蓝、钛青绿等。漆画的技法丰富多采，依据其技法不同，漆画又可分成刻漆、堆漆、雕漆、嵌漆、彩绘、磨漆等不同品种。漆器是中国古代在化学工艺及工艺美术方面的重要发明。它一般髹朱饰黑，或髹黑饰朱，以优美的图案在器物表面构成一个绮丽的彩色世界。从新石器时代起，中国人就认识了漆的性能并用以制器。历经商周直至明清，中国的漆器工艺不断发展，达到了相当高的水平。中国的烫金、描金等工艺品，对日本等地都有深远影响。

设计 / 郝建

设计 / 许丽莉

设计 / 毛霏

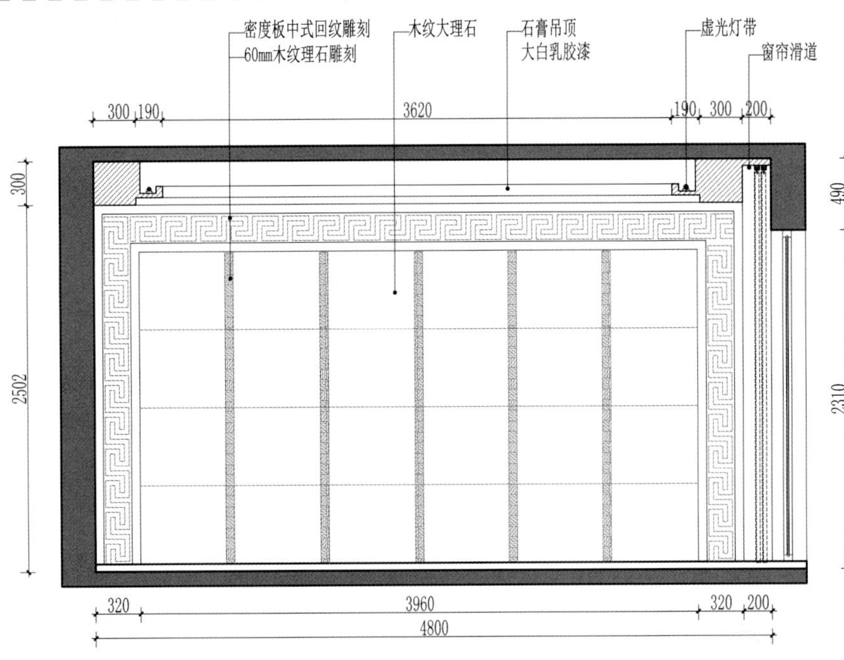


## 施工要点

电视背景墙用米黄大理石装饰给人沉稳大气的感觉，在大理石上加上传统的中式回纹理装饰元素雕刻与客厅整体风格相呼应。

设计 / 黎世红

设计 / 七姓瑶家装 戚龙

设计 / 孙锋

设计 / 富尔特装饰

设计 / 赵广

设计 / 金世纪装饰 王烈

设计 / 朱琳

设计 / 尹鑫

设计 / 游永朱

设计 / 余涛

设计 / 原新华

设计 / 张勇

设计 / 张勇

设计 / 张起铭

设计 / 沙建磊

设计 / 巫小伟

## “大美无言”意境的把握，用中式花艺装点客厅

中式盆景花艺的艺术境界：盆景，汉族优秀传统艺术之一，是以植物和山石为基本材料在盆内表现自然景观的艺术品。它以植物、山石、土、水等为材料，经过艺术创作和园艺栽培，在盆中典型、集中地塑造大自然的优美景色，达到缩龙成寸、小中见大的艺术果，同时以景抒怀，表现深远的意境，犹如立体、美丽、缩小版的山水风景区。盆景源于中国，盆景一般有树桩盆景和山水盆景两大类，盆景是由景、盆、几（架）三个要素组成的，它们之间是相互联系、相互影响的统一整体。人们把盆景誉为“立体的画”和“无声的诗”。

设计 / 辛宪超

设计 / 赵晓吉

设计 / 魏帅统

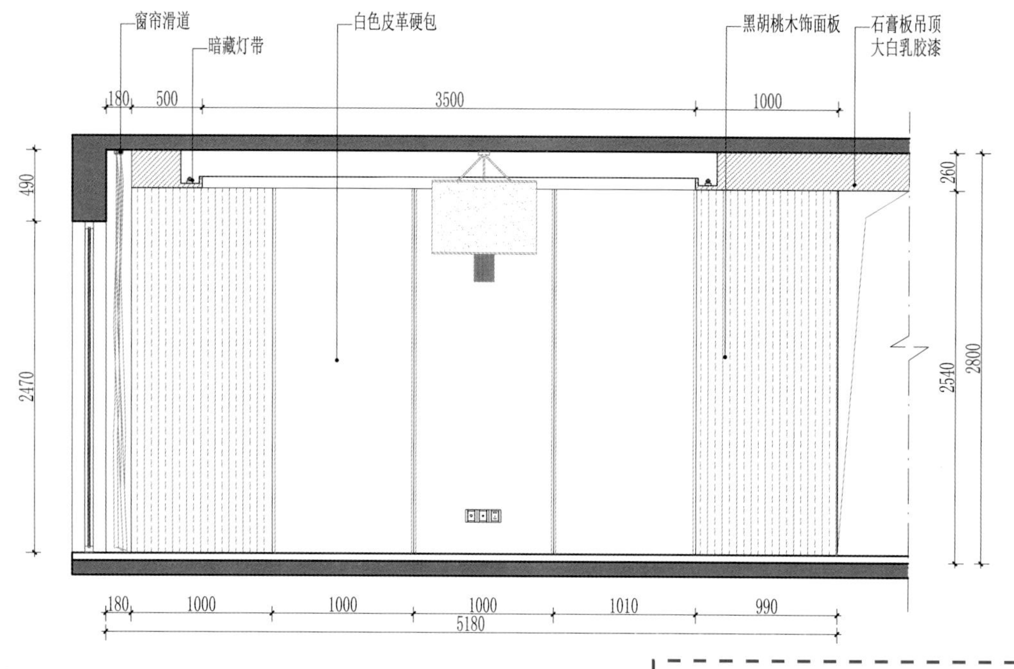


## 施工要点

以素雅的黑白搭配为客厅的主色调，在注重现代时尚的同时，用传统的中式家具和佛像青铜器摆件搭配给室内空间注入了浓浓的中国风。

设计 / 刘唯民

设计 / 厦门创家园设计装饰 林耀明

设计 / 姜忠敬

设计 / 马非立

设计 / 张峰

设计 / 孟旭

设计 / 武家辉

设计 / 李润明

设计 / 邯郸恩图设计 常晋安

设计 / 陈帅

设计 / 梁金

设计 / 北轩装饰

设计 / 刘杰

设计 / 刘杰

设计 / 王伟新

设计 / 沙建磊

设计 / 李润明

设计 / 沙建磊

设计 / 李润明

设计 / 品辰设计

设计 / 广州域度装饰设计有限公司

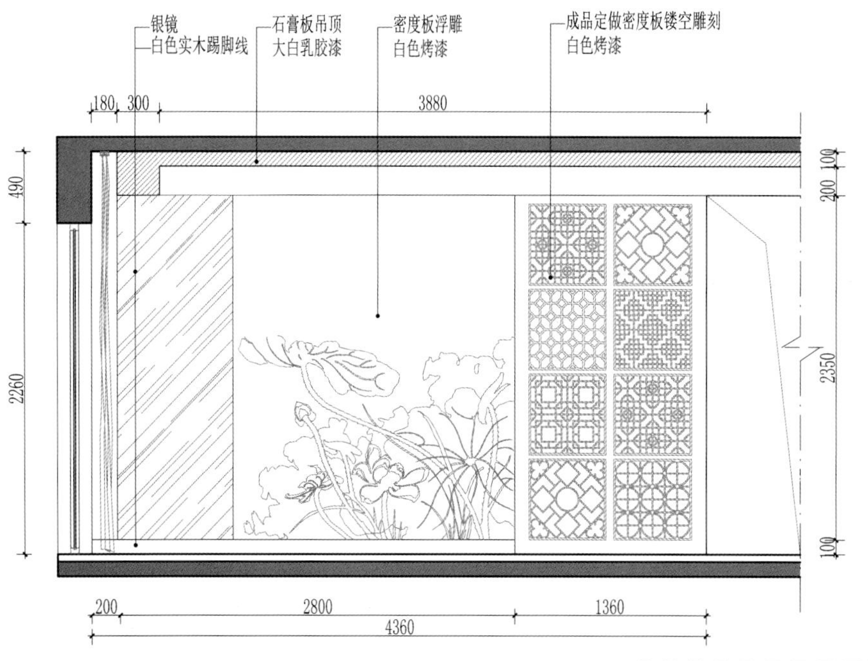


## 施工要点

采用密度板浮雕装饰的电视背景墙效果非常好而且成本不高。密度板浮雕的花样选择比较灵活，可以根据个人喜好设计制作。订制时要注意准确测量墙面尺寸，避免浪费。

设计 / 郝建

设计 / 田浩

设计 / 郝建

设计 / 周周

设计 / 胭脂设计

设计 / 大连金世纪装饰 张新

设计 / 魏秀丽

设计 / 姜忠敬

设计 / 吴玥明

设计 / 泉港华田装饰设计

设计 / 吴献文

设计 / 何炳文

设计 / 顾忠诚

设计 / 王智杰

设计 / 澜庭设计